Inhaltsverzeichnis

Viele Zehner, viele Einer

1

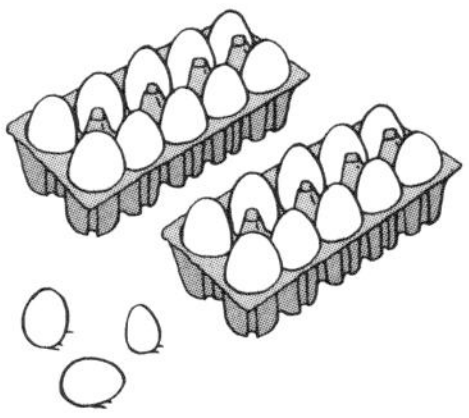

___ Z ___ E = ___
___ + ___ = ___

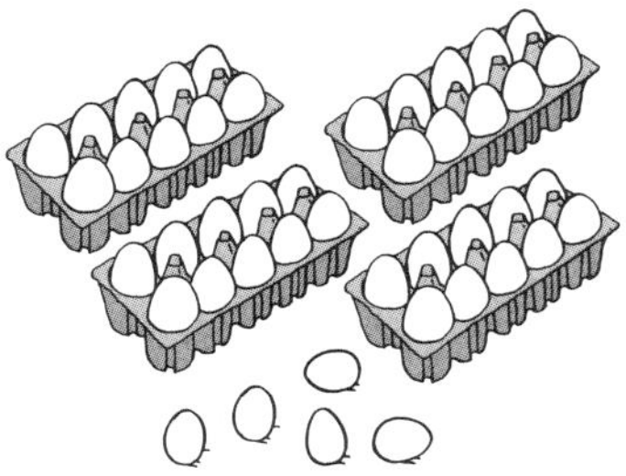

___ Z ___ E = ___
___ + ___ = ___

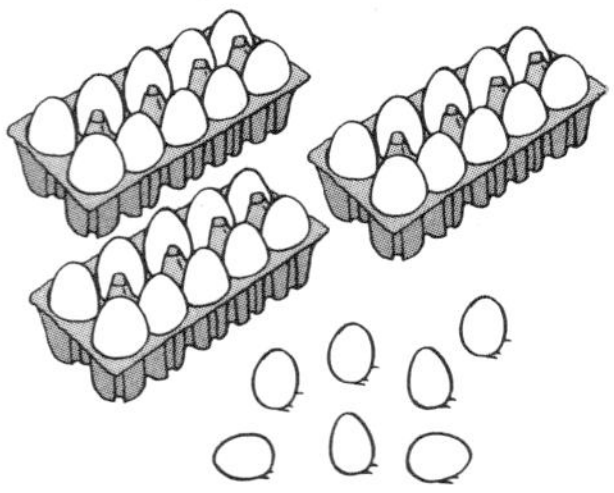

___ Z ___ E = ___
___ + ___ = ___

2

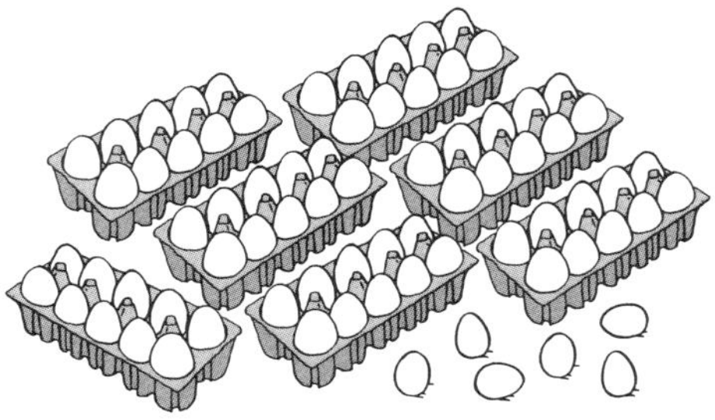

___ Z ___ E = ___
___ + ___ = ___

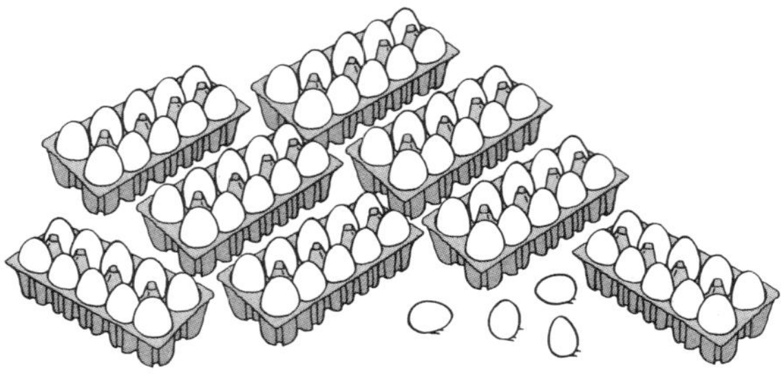

___ Z ___ E = ___
___ + ___ = ___

3 a) 6 Z 3 E = ___
60 + 3 = ___

4 Z 8 E = ___
___

9 Z 5 E = ___
___

b) 7 Z 6 E = ___
___

5 Z 7 E = ___
___

8 Z 1 E = ___
___

4 a) 36 = 3 Z 6 E
36 = 30 + ___

79 = ___
___

99 = ___
___

b) 48 = ___
___

53 = ___
___

86 = ___
___

5 a) 40 + 7 = ___
70 + 4 = ___
50 + 3 = ___
30 + 5 = ___
60 + 8 = ___

b) 80 + 3 = ___
30 + 8 = ___
60 + 9 = ___
90 + 6 = ___
70 + 7 = ___

c) 30 + 9 = ___
40 + 5 = ___
70 + 8 = ___
20 + 6 = ___
50 + 2 = ___

Zahlen und zählen

1 Trage die fehlenden Zahlen ein.

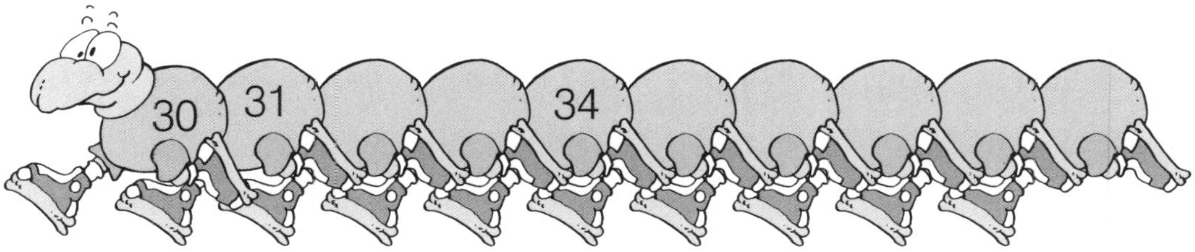

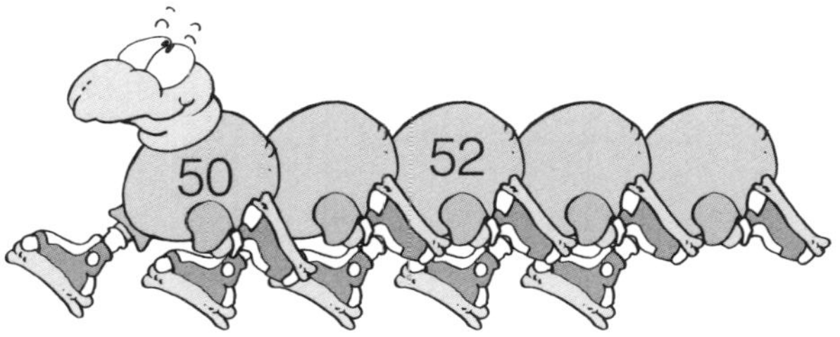

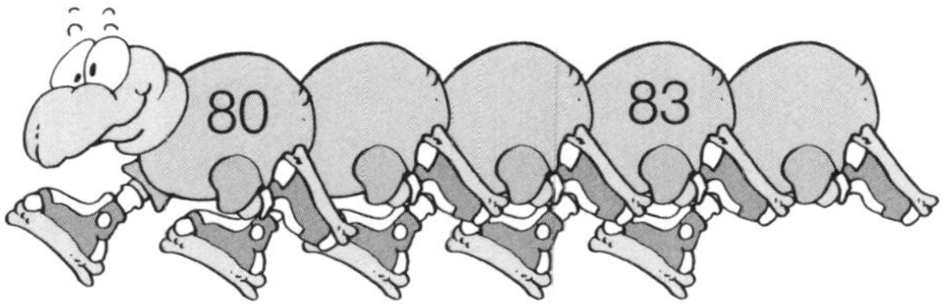

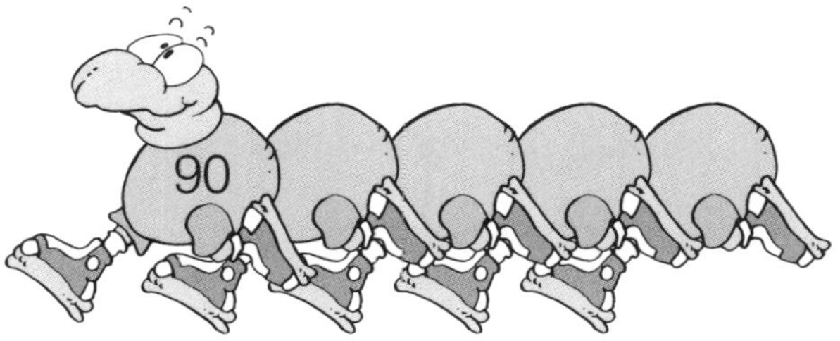

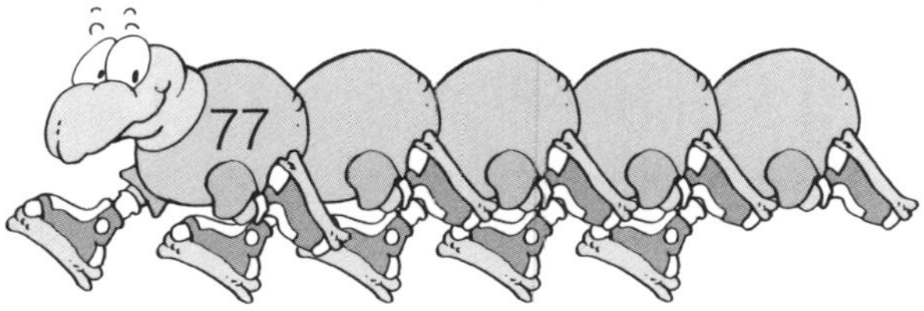

2 Zahlix schaut einem Mann bei der Arbeit zu. Wenn du wissen willst, welchen Beruf er hat, verbinde die Zahlen in der richtigen Reihenfolge. Beginne bei 1.

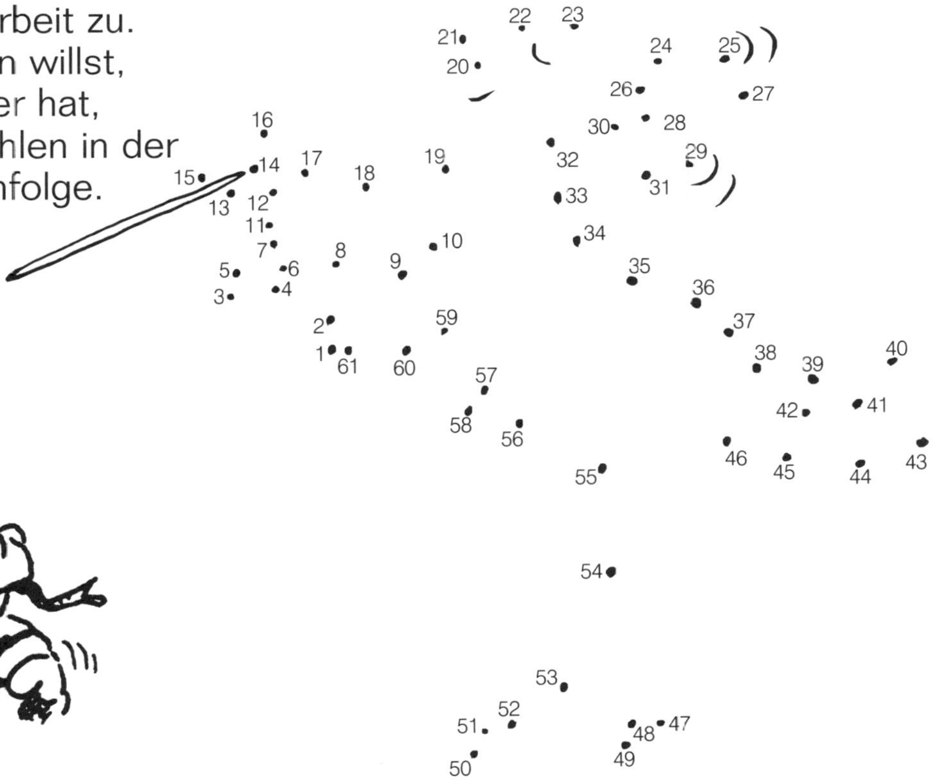

Beruf: ____________________

Hunderterfeld

1 Trage die Zahlen ein. Färbe die Felder. Du siehst dann zwei Buchstaben.

22, 48, 57, 84, 30, 44, 96, 75, 33, 53, 26
93, 54, 37, 66, 94, 55, 35, 56, 97, 39, 95

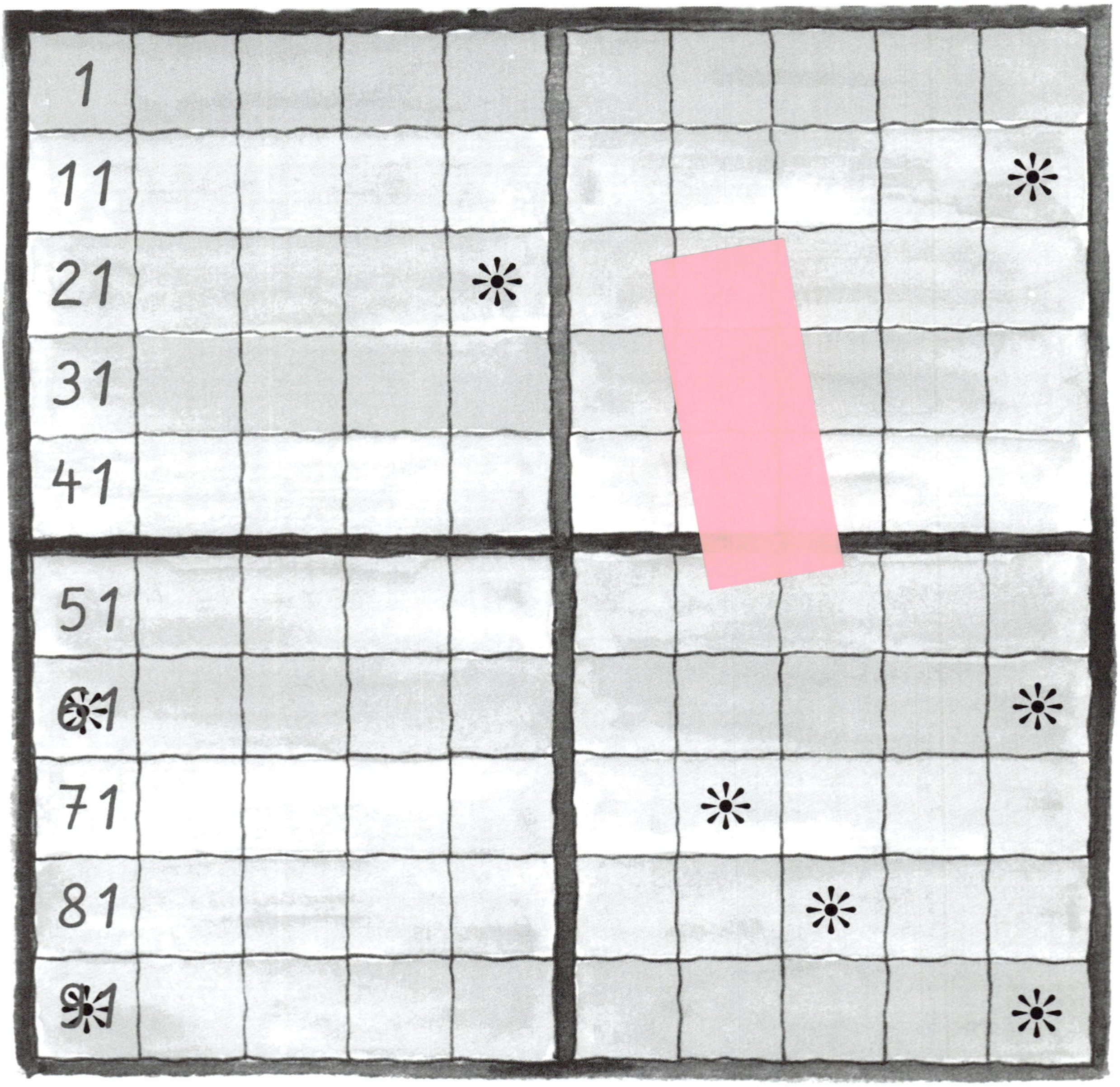

2 Zeichne in diese Felder rote Punkte:

9, 92, 12, 49, 52, 2, 89, 19, 42, 59, 82, 99

3 Zeichne in diese Felder blaue Punkte:

5, 62, 41, 6, 73, 51, 14, 23, 17, 32, 28

4 In welchen Feldern ist ein Stern?

✳ ______________________________

Hundertertafel

1 Wie heißt die Zahl?

a)  ______

b) 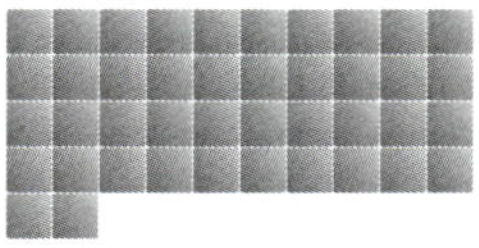 ______

c)  ______

d) 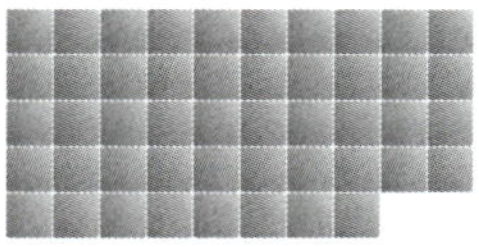 ______

2 Geheimschrift für Zahlen: Jeder Strich ist ein Zehner, jeder Punkt ist ein Einer.

a)  ______

b) 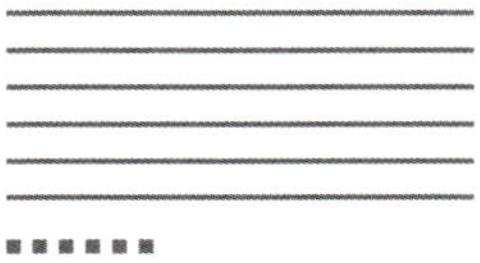 ______

c) 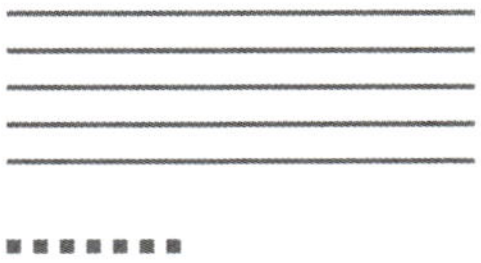 ______

d)  ______

3

a)  ______

b) 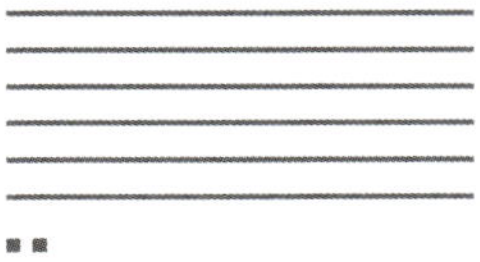 ______

c) 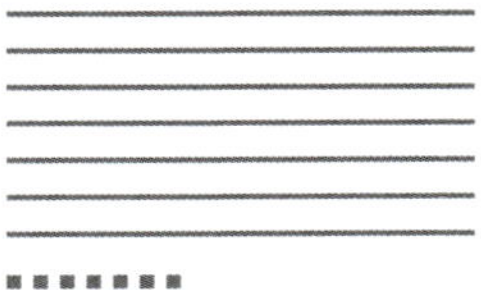 ______

d) 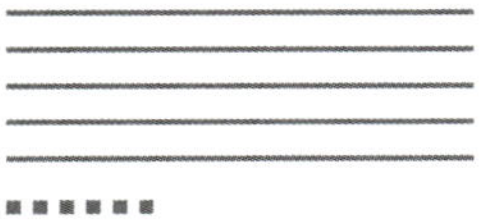 ______

---

4 Trage die fehlenden Zahlen ein.

a) 

b) 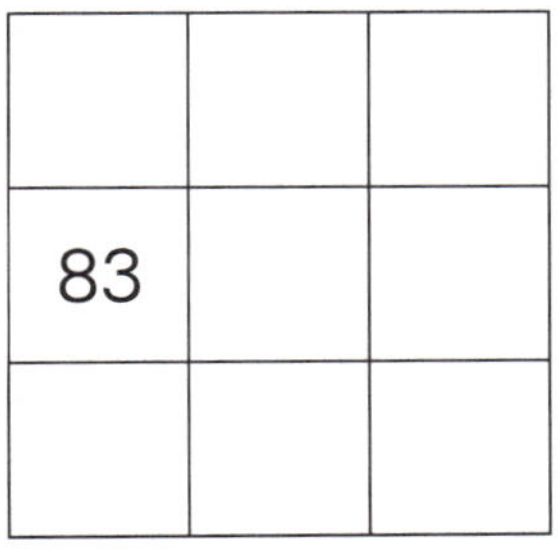

c) 

d) 

e) 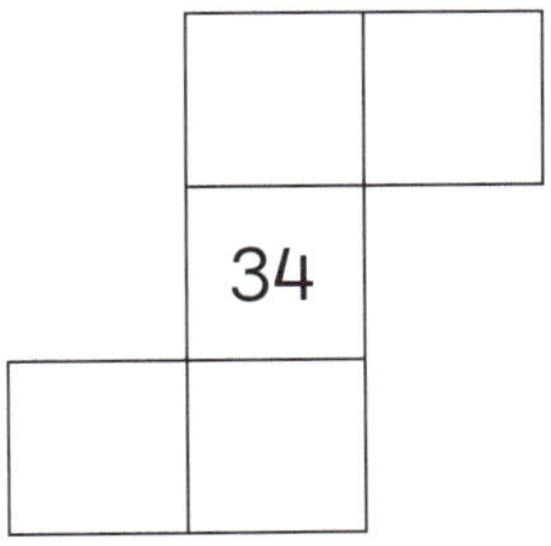

f) 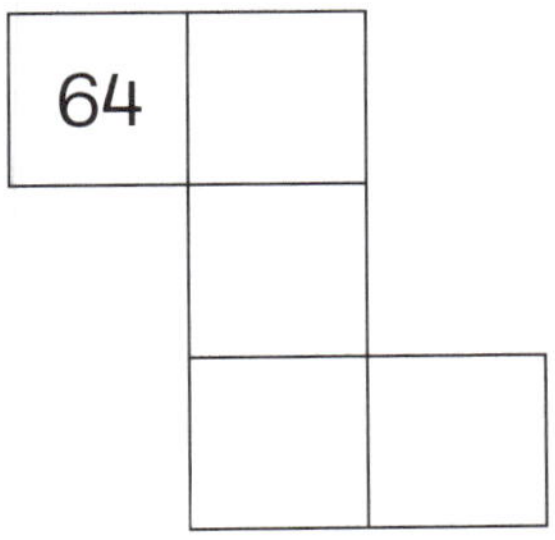

5

a) 48 = 40 + ______
78 = ____ + ______
88 = ______
38 = ______
68 = ______

b) 64 = ______
29 = ______
55 = ______
73 = ______
85 = ______

c) 95 = ______
76 = ______
89 = ______
65 = ______
32 = ______

Rechnen in der Hundertertafel

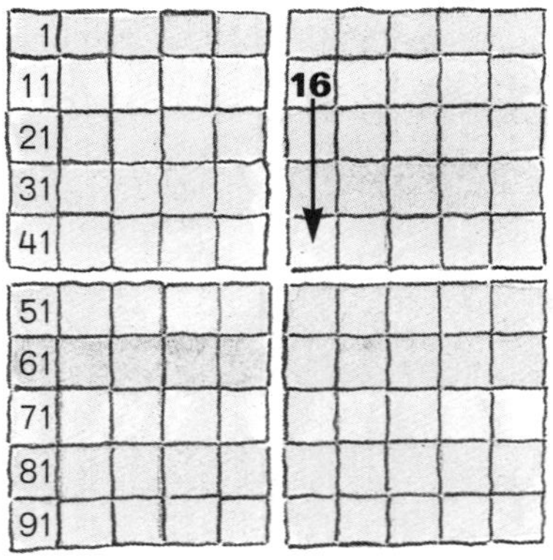

16 + 30 = 46

1

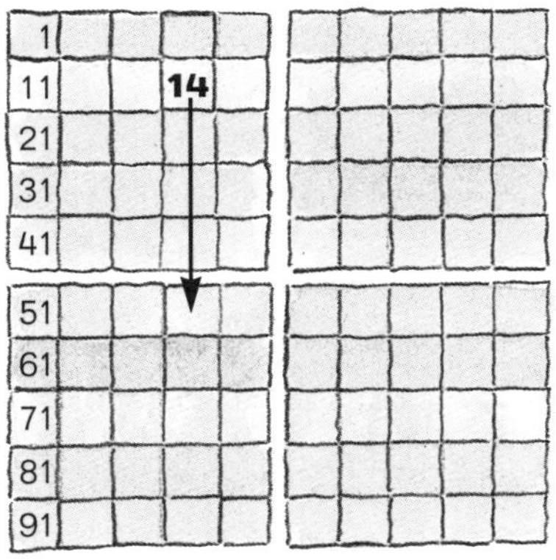

14 + ____ = ____

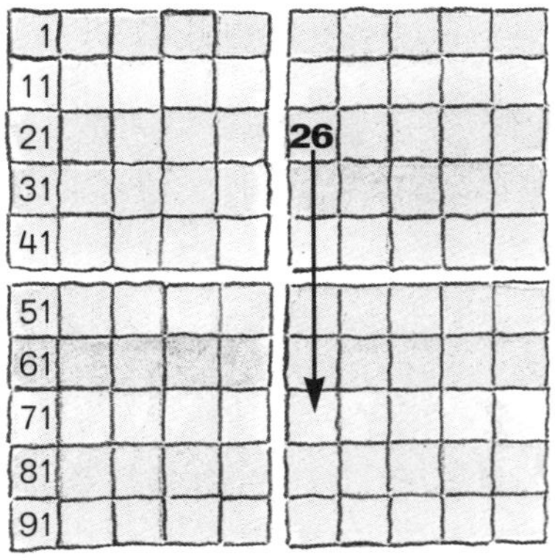

26 + ____ = ____

2

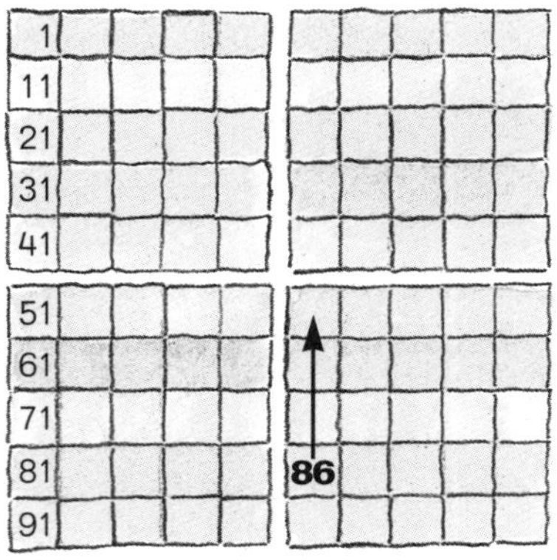

86 – ____ = ____

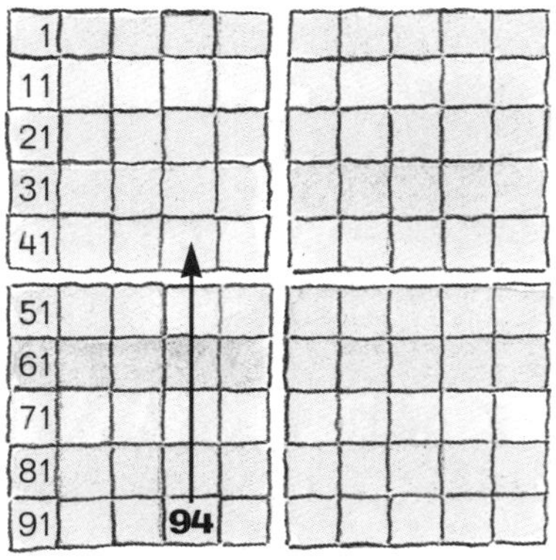

94 – ____ = ____

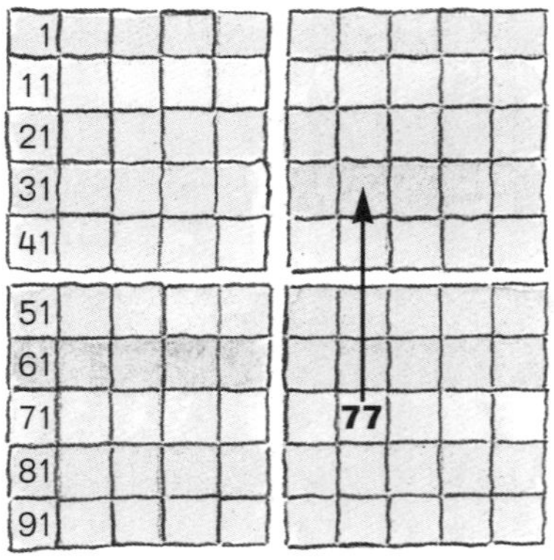

77 – ____ = ____

3

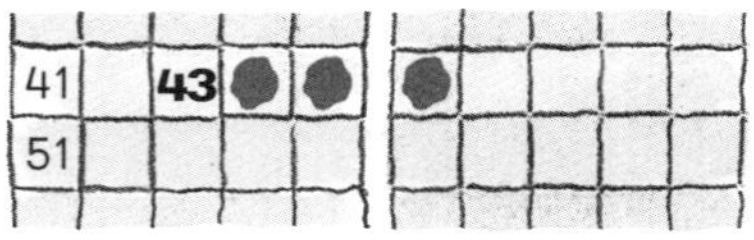

43 + 3 = ____

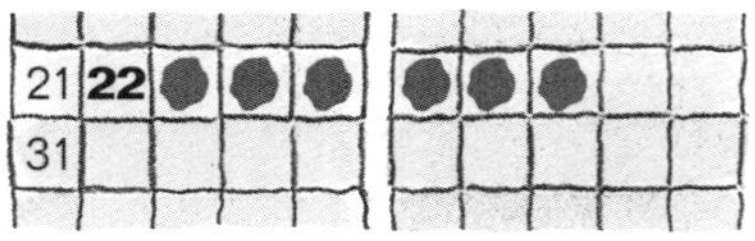

22 + ____ = ____

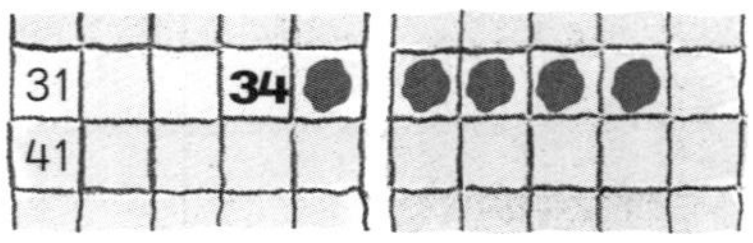

34 + ____ = ____

4

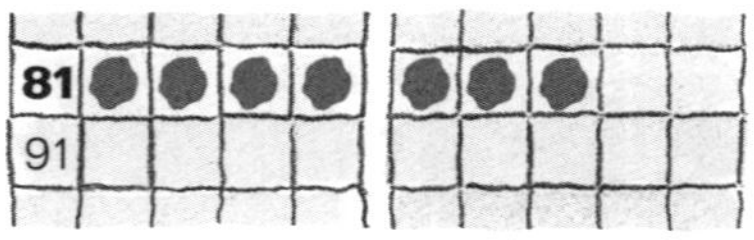

81 + ____ = ____

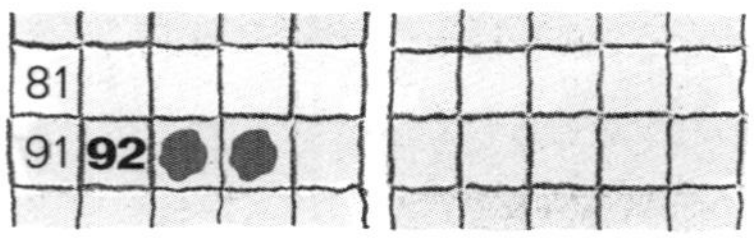

92 + ____ = ____

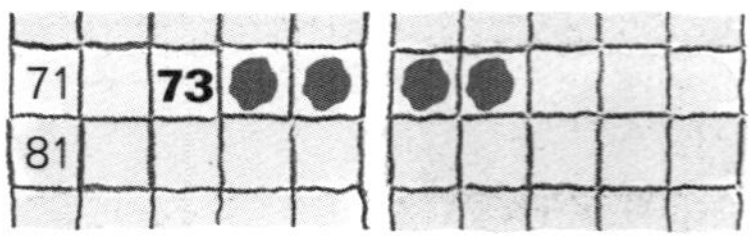

73 + ____ = ____

5

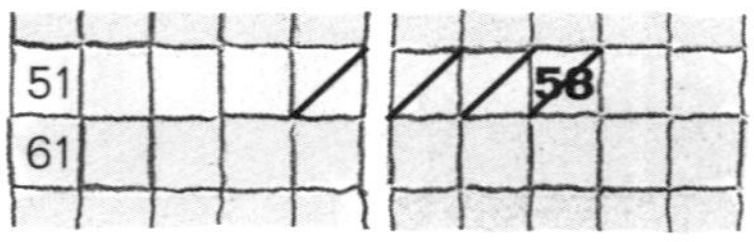

58 – 4 = ____

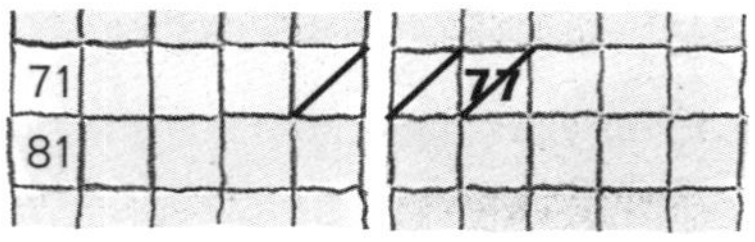

77 – ____ = ____

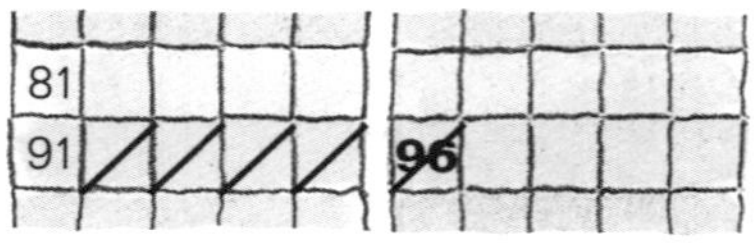

96 – ____ = ____

6

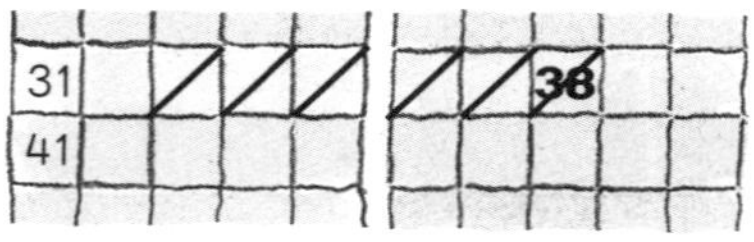

38 – ____ = ____

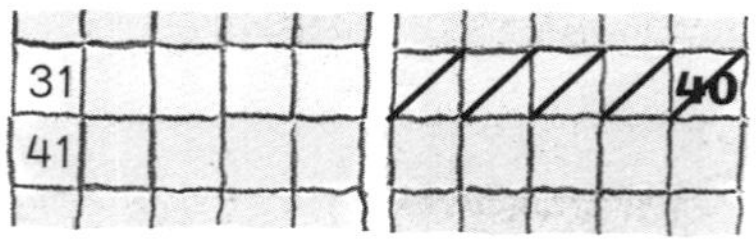

40 – ____ = ____

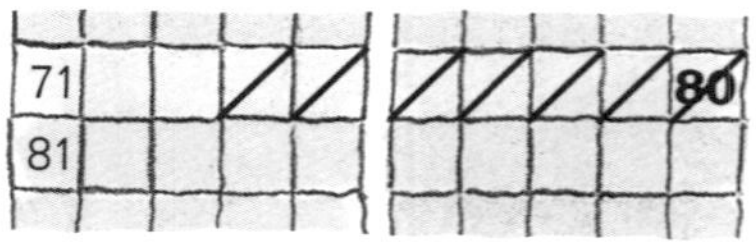

80 – ____ = ____

Zahlenstrahl

1 Welche Zahlen sind es? Trage sie ein.

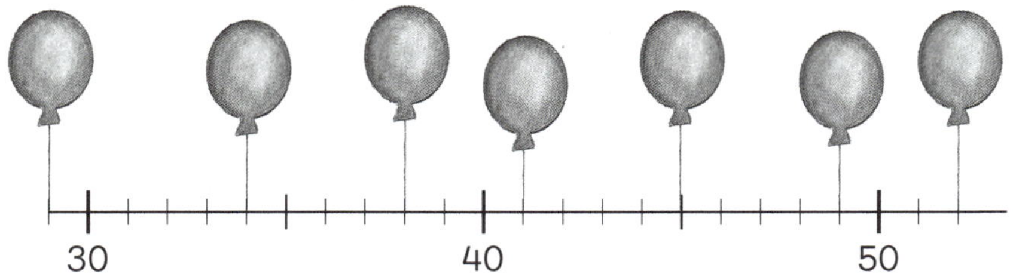

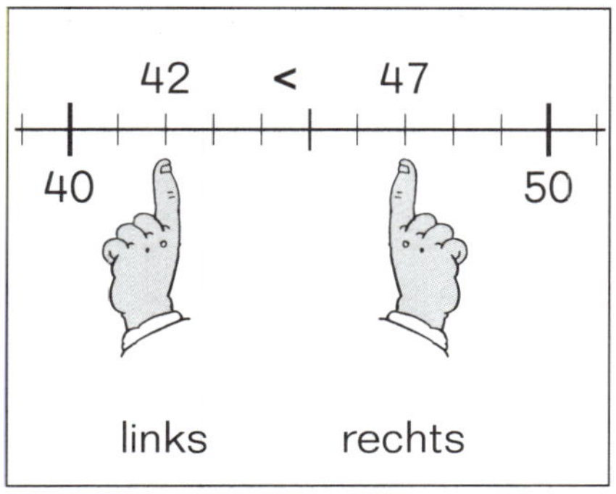

2

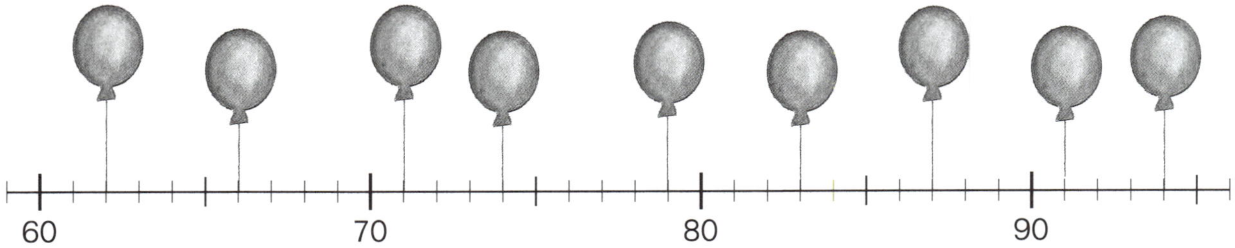

3 Zeichne Ballons für: 72, 93, 81, [illegible], 76, 88, 96, 101

4 Kleiner oder größer? Setze zwischen die Zahlen: <, >

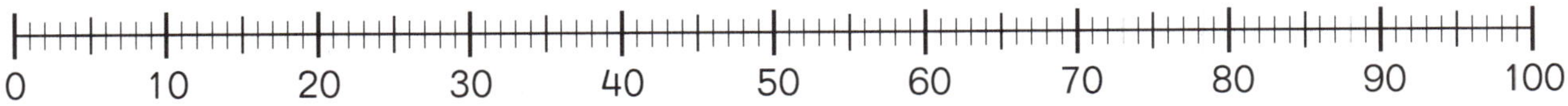

a)			b)			c)		
36	<	63	54	●	45	56	●	65
79	●	97	95	●	59	58	●	85
86	●	68	70	●	75	57	●	61
24	●	42	55	●	66	67	●	65
16	●	28	43	●	34	78	●	87
56	●	18	63	●	59	71	●	72

5 Kleiner, größer oder gleich? Setze ein: <, >, =

a)

40 + 4	●	44	90 + 5	●	59	30 + 6	●	63	50 + 4	●	45
44	●	44	____	●	59	____	●	63	____	●	45

b)

60 – 40	●	10	90 – 20	●	70	50 – 20	●	30	90 – 40	●	50
____	●	10	____	●	70	____	●	30	____	●	50

Addieren in Schritten

1 a)

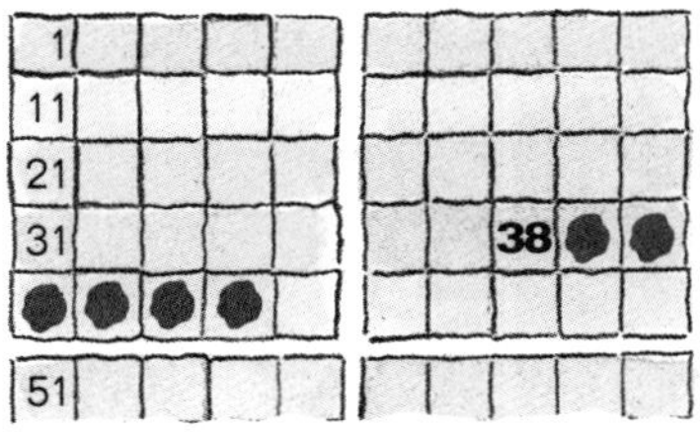

38 —(+6)→ ___
38 —(___)→ ___ —(___)→ ___

b)

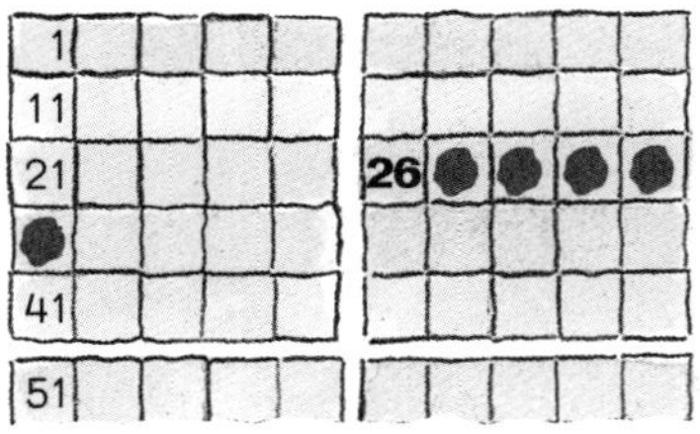

26 —(+5)→ ___
26 —(___)→ ___ —(___)→ ___

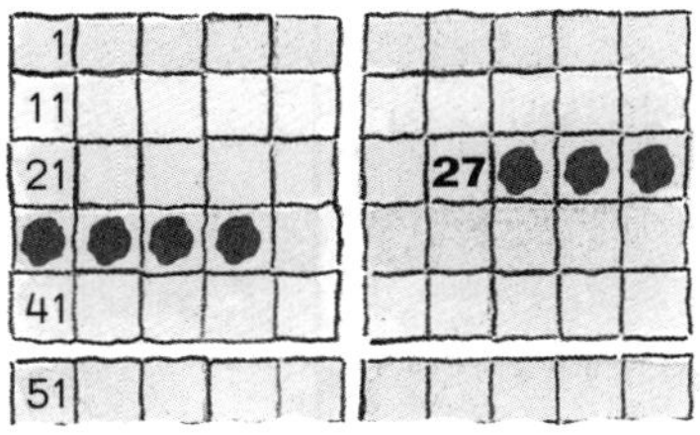

27 —(+7)→ 34
27 —(+3)→ 30 —(+4)→ 34

2 a)

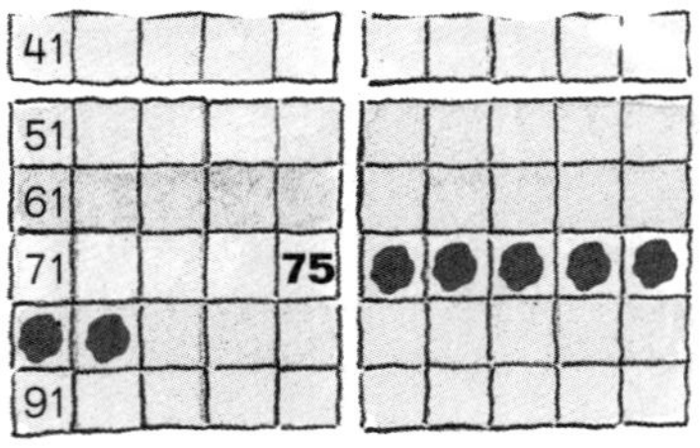

___ —(+)→ ___
___ —(___)→ ___ —(___)→ ___

b)

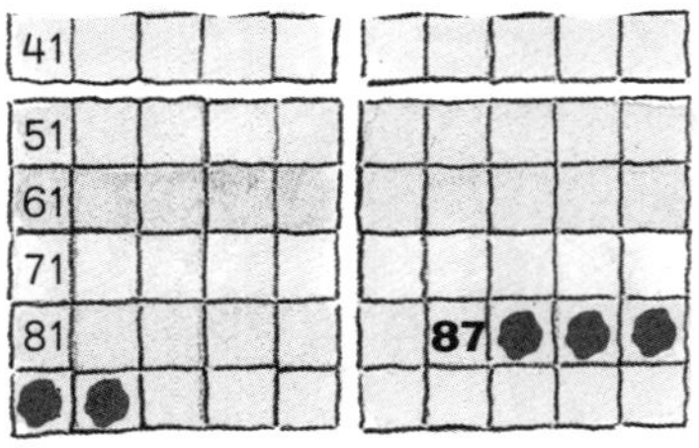

___ —(+)→ ___
___ —(___)→ ___ —(___)→ ___

c)

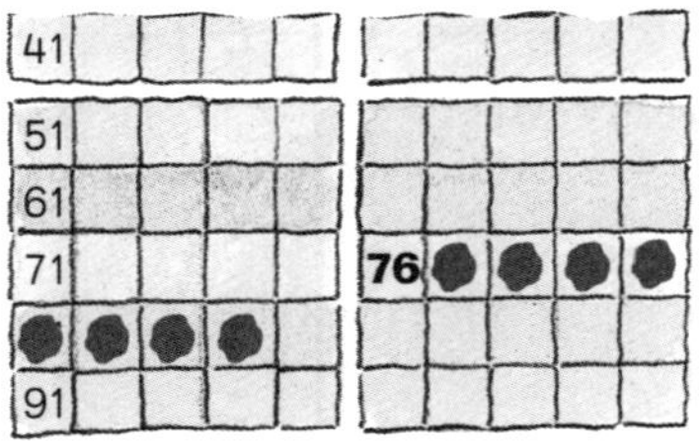

___ —(+)→ ___
___ —(___)→ ___ —(___)→ ___

3 a) 36 —(+6)→ ___
36 —(___)→ 40 —(___)→ ___

b) 88 —(+7)→ ___
88 —(___)→ ___ —(___)→ ___

c) 67 —(+8)→ ___
67 —(___)→ ___ —(___)→ ___

4 a) 74 —(+9)→ ___
74 —(___)→ ___ —(___)→ ___

b) 49 —(+6)→ ___
49 —(___)→ ___ —(___)→ ___

c) 56 —(+8)→ ___
56 —(___)→ ___ —(___)→ ___

5 a) 28 —(+7)→ ___
28 —(___)→ ___ —(___)→ ___

b) 65 —(+9)→ ___
65 —(___)→ ___ —(___)→ ___

c) 86 —(+8)→ ___
86 —(___)→ ___ —(___)→ ___

Addieren: Erst ..., dann ...

1 a) 45 + 8 = ____
erst ____, dann ____

b) 45 + 9 = ____
erst ____, dann ____

c) 47 + 5 = ____
erst ____, dann ____

d) 47 + 7 = ____
erst ____, dann ____

2 a) 58 + 4 = ____
erst ____, dann ____

b) 58 + 6 = ____
erst ____, dann ____

c) 58 + 9 = ____
erst ____, dann ____

3 a) 76 + 5 = ____
erst ____, dann ____

b) 76 + 8 = ____
erst ____, dann ____

c) 76 + 6 = ____
erst ____, dann ____

4 a) 85 + 6 = ____
85 + 9 = ____
85 + 8 = ____
85 + 7 = ____
85 + 5 = ____

b) 67 + 5 = ____
67 + 8 = ____
67 + 6 = ____
67 + 4 = ____
67 + 9 = ____

c) 38 + 5 = ____
38 + 9 = ____
38 + 6 = ____
38 + 7 = ____
38 + 4 = ____

5 a)

+6	
48	
78	
88	

b)

+8	
35	
55	
75	

c)

+5	
29	
59	
69	

d)

+7	
36	
66	
86	

6 a)

+4	
37	
49	
58	
26	

b)

+7	
48	
35	
77	
84	

c)

+9	
55	
28	
76	
44	

d)

+6	
28	
49	
75	
77	

Subtrahieren in Schritten

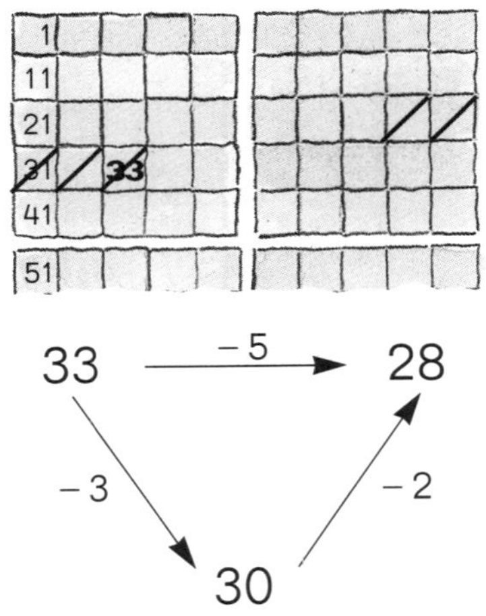

1 a)

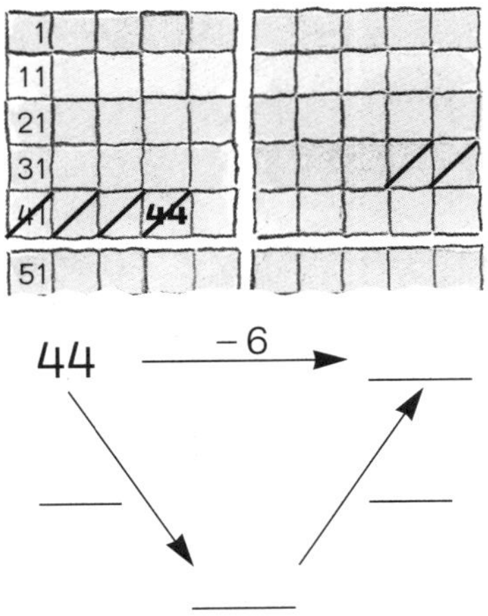

b)

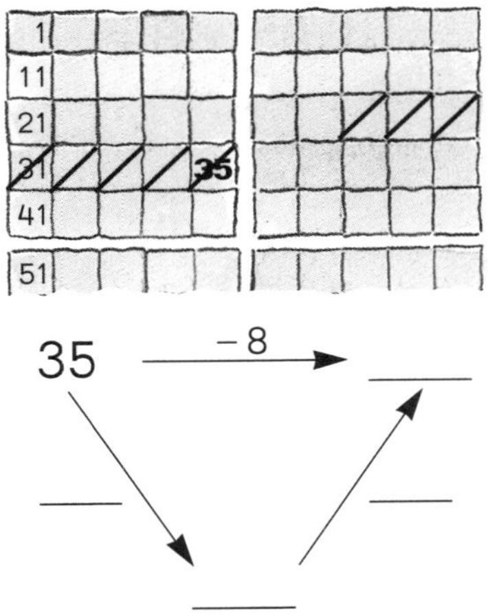

2 a)

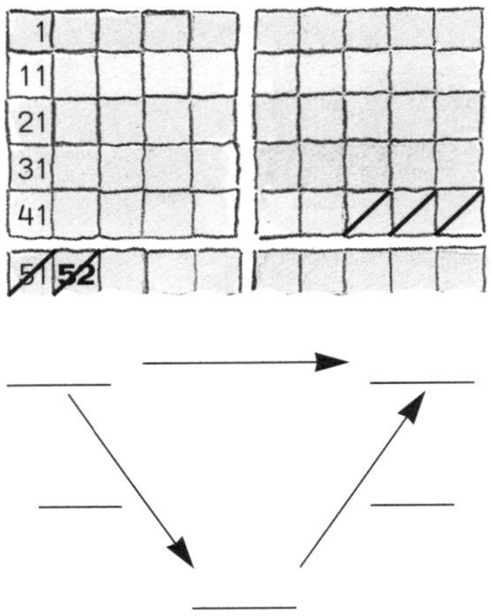

b)

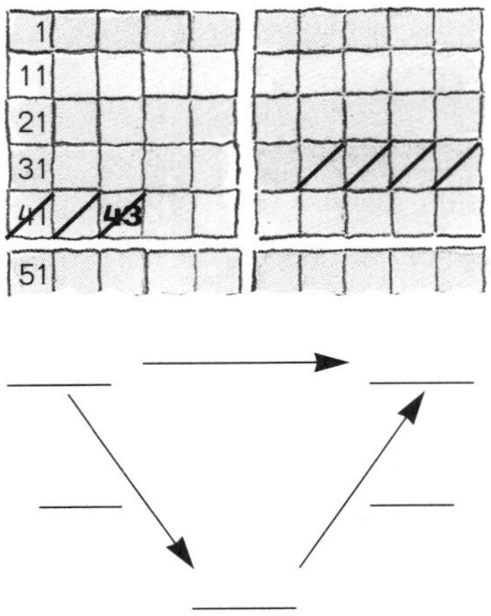

c)

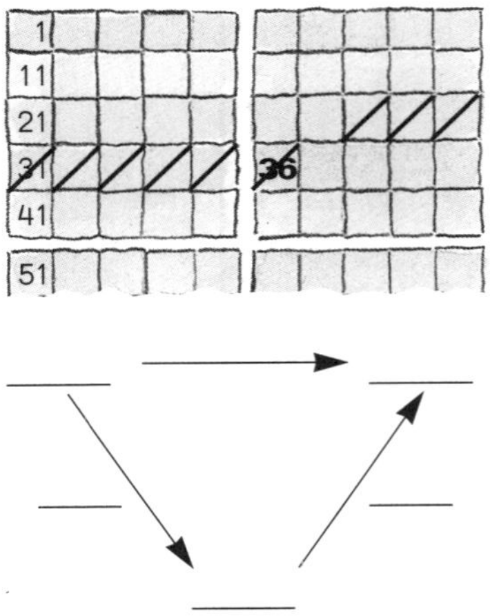

3 a)

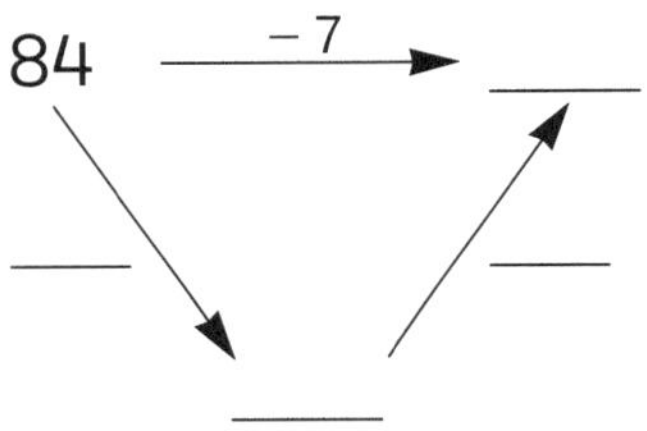

b)

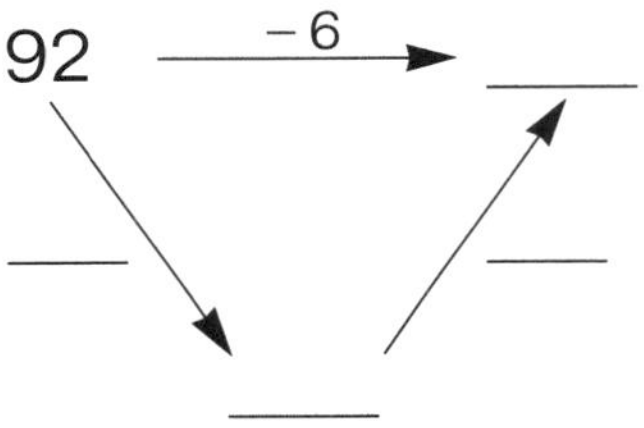

c)

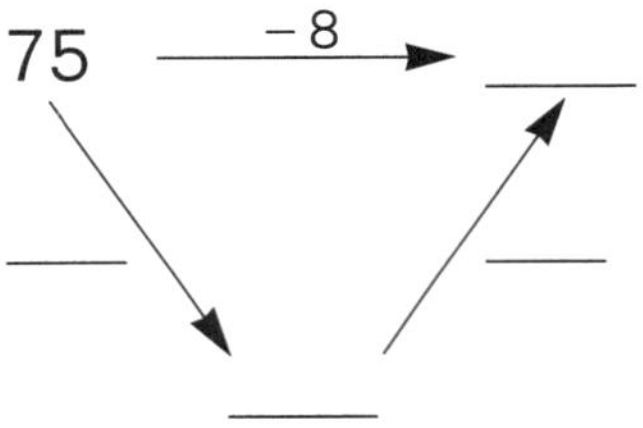

4 a)

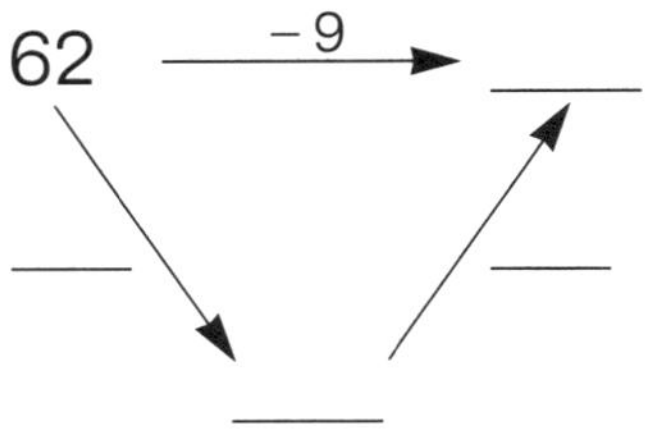

b)

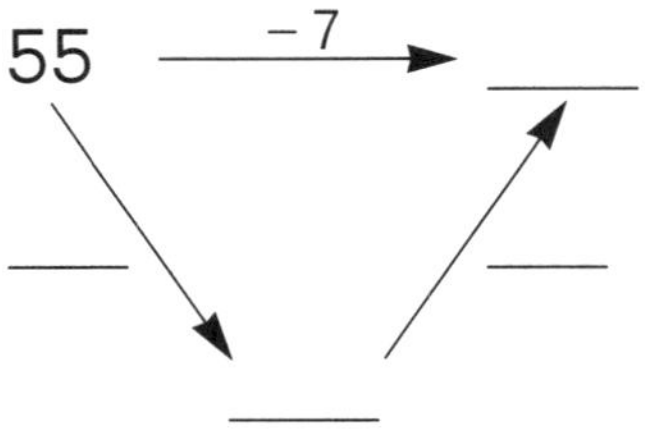

c)

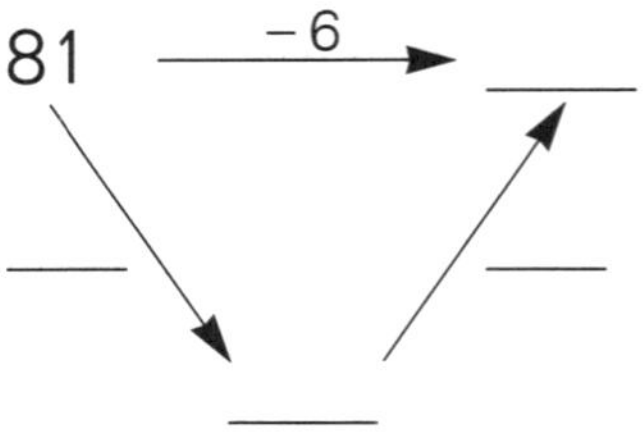

5 a)

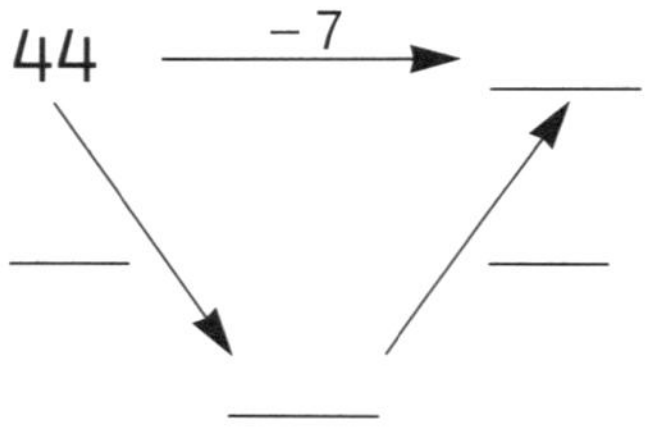

b)

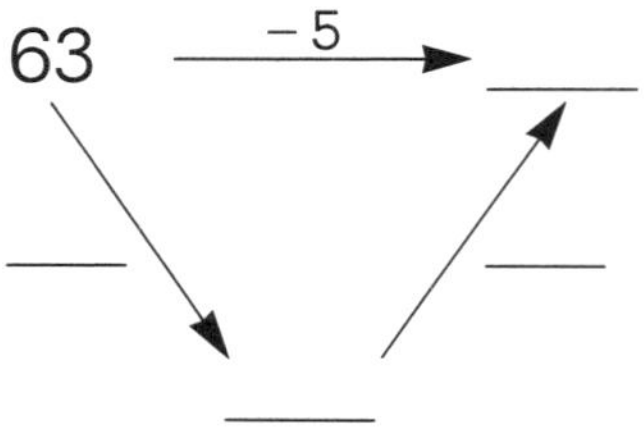

c)

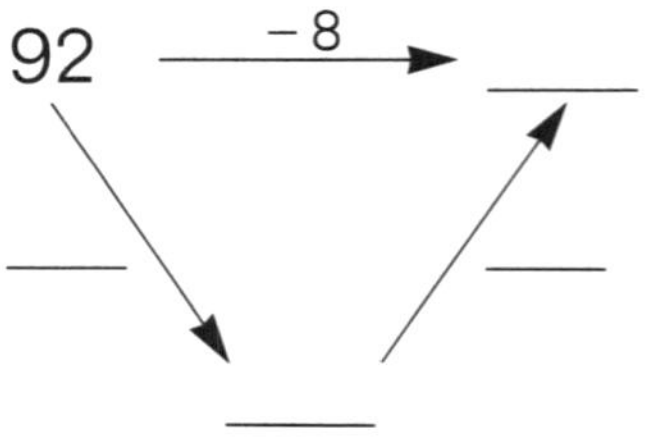

Subtrahieren: Erst ..., dann ...

72 – 6 = 66

1 a) 72 – 5 = ____ erst ____, dann ____
b) 72 – 8 = ____ erst ____, dann ____
c) 74 – 6 = ____ erst ____, dann ____
d) 74 – 7 = ____ erst ____, dann ____

2 a) 63 – 7 = ____ erst ____, dann ____
b) 63 – 5 = ____ erst ____, dann ____
c) 63 – 8 = ____ erst ____, dann ____

3 a) 55 – 6 = ____ erst ____, dann ____
b) 55 – 9 = ____ erst ____, dann ____
c) 55 – 7 = ____ erst ____, dann ____

4 a) 83 – 5 = ____
83 – 8 = ____
83 – 6 = ____
83 – 7 = ____
83 – 9 = ____

b) 44 – 7 = ____
44 – 6 = ____
44 – 9 = ____
44 – 8 = ____
44 – 5 = ____

c) 91 – 4 = ____
91 – 7 = ____
91 – 9 = ____
91 – 6 = ____
91 – 8 = ____

5 a)

– 5	
43	
63	
93	

b)

– 7	
55	
85	
25	

c)

– 9	
47	
97	
37	

d)

– 6	
64	
84	
44	

6 a)

– 4	
31	
52	
83	
62	

b)

– 8	
44	
66	
33	
55	

c)

– 6	
53	
91	
74	
82	

d)

– 5	
64	
92	
51	
73	

Kreuzzahlrätsel

1

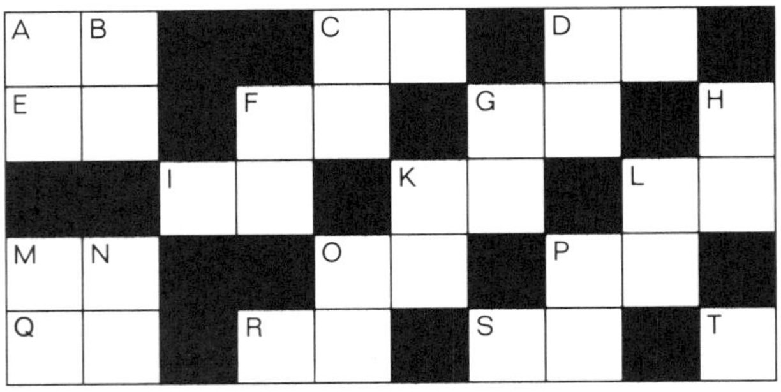

Waagerecht →

A: 53 + 20 = ____
C: 37 + 5 = ____
D: 41 + 40 = ____
E: 61 − 4 = ____
G: 92 − 6 = ____
I : 59 + 8 = ____
K: 88 − 30 = ____
L: 42 − 8 = ____
O: 66 + 7 = ____
P: 55 − 6 = ____
Q: 90 − 40 = ____
R: 53 + 7 = ____
S: 83 − 6 = ____
T: 18 − 9 = ____

Senkrecht ↓

A: 80 − 5 = ____
C: 52 − 6 = ____
D: 78 + 8 = ____
F: 44 − 7 = ____
H: 78 + 6 = ____
K: 83 − 30 = ____
L: 45 − 6 = ____
M: 92 − 7 = ____
N: 43 + 7 = ____

Lösungswort:
– Suche die Zahl im fertigen Rätsel.
– Setze für die Zahl den Buchstaben ein, der am Anfang der Zahl steht.

85	75	9	84	57	49	60	70	36	67

2

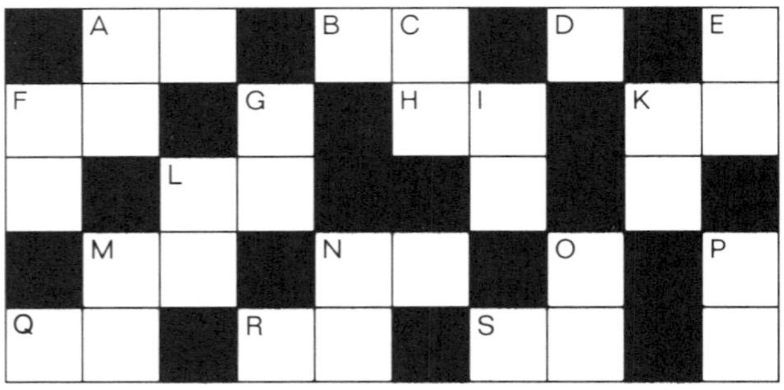

Waagerecht →

A: 64 − 30 = ____
B: 48 + 4 = ____
D: 12 − 6 = ____
F: 73 − 4 = ____
H: 88 + 6 = ____
K: 32 − 5 = ____
L: 91 − 5 = ____
M: 55 + 7 = ____
N: 86 + 4 = ____
Q: 90 − 30 = ____
R: 43 − 8 = ____
S: 69 + 7 = ____

Senkrecht ↓

A: 42 − 3 = ____
E: 63 − 6 = ____
F: 58 + 7 = ____
G: 71 − 5 = ____
I: 37 + 7 = ____
K: 33 − 8 = ____
N: 100 − 5 = ____
O: 96 − 60 = ____
P: 38 + 50 = ____

Lösungswort:
– Suche die Zahl im fertigen Rätsel.
– Setze für die Zahl den Buchstaben ein, der am Anfang der Zahl steht.

35	57	29	94	57	90	34	76	76

Mal-Bilder

Schreibe Plus-Aufgabe und Mal-Aufgabe.

$3 + 3 + 3 + 3 = 12$

$4 \cdot 3 = 12$

4 mal 3 gleich 12

1

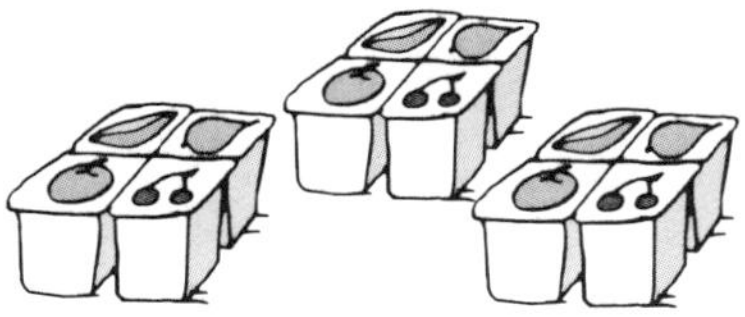

2

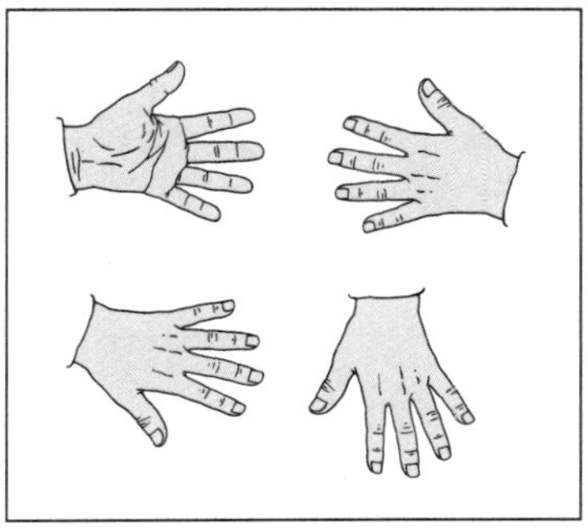

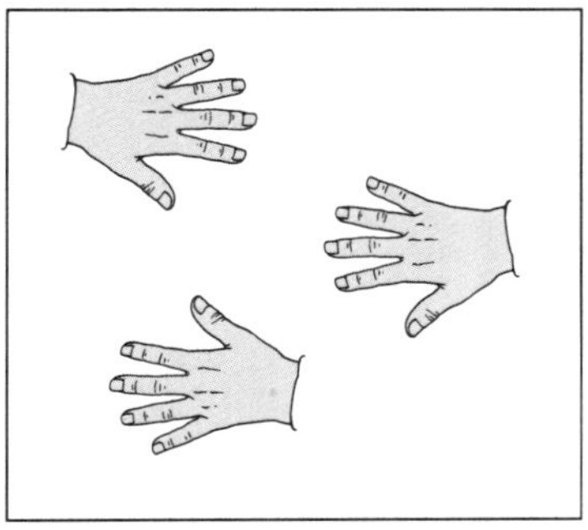

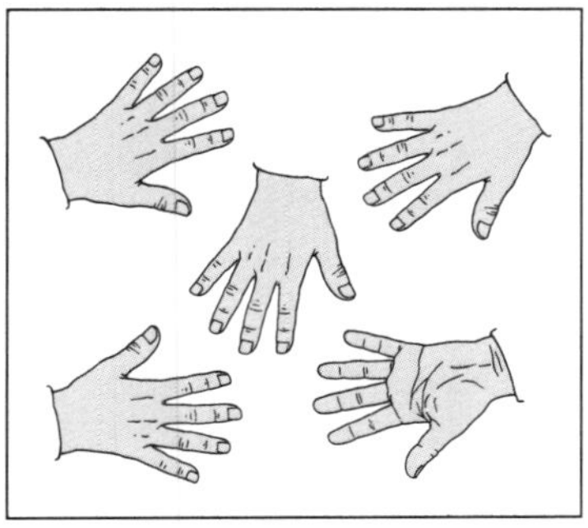

3

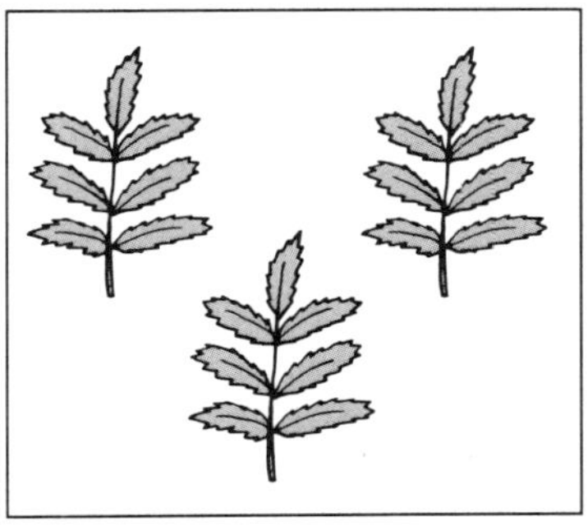

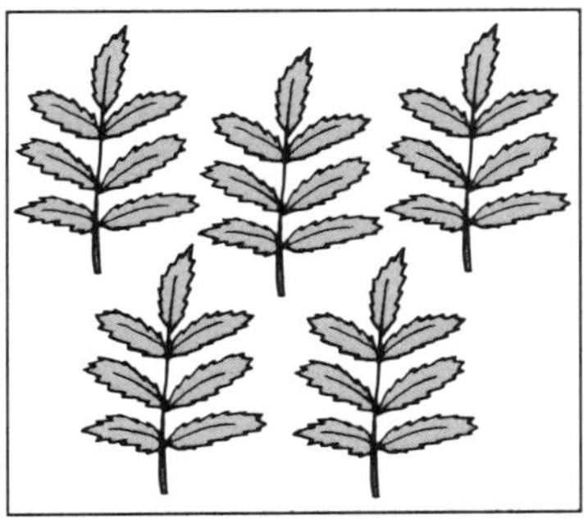

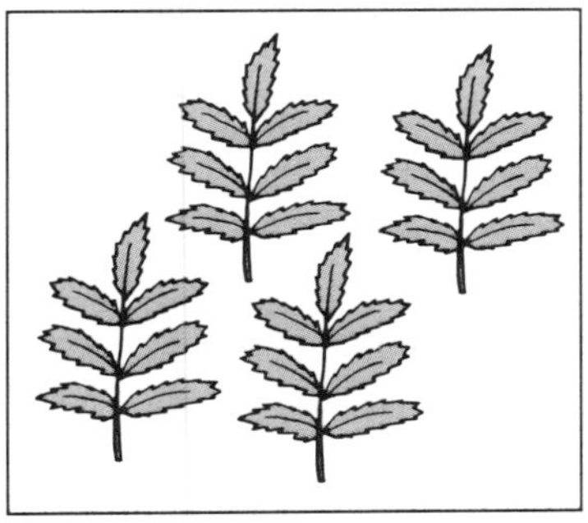

4

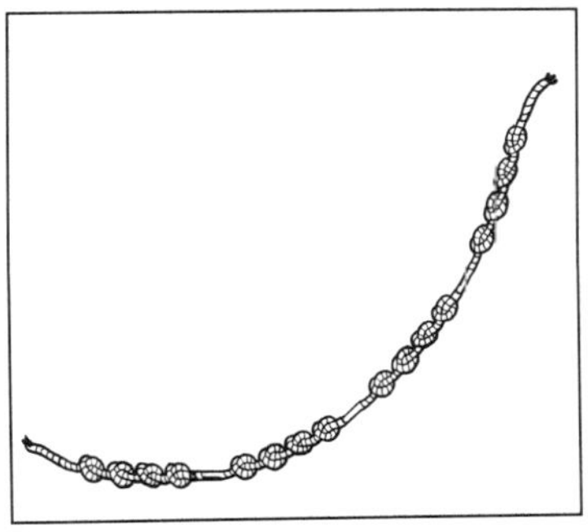

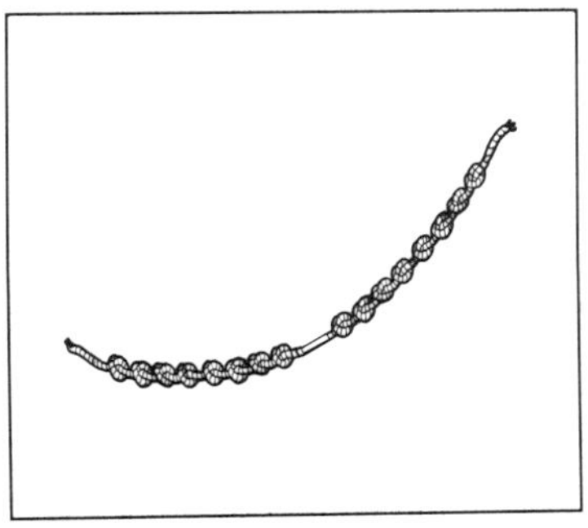

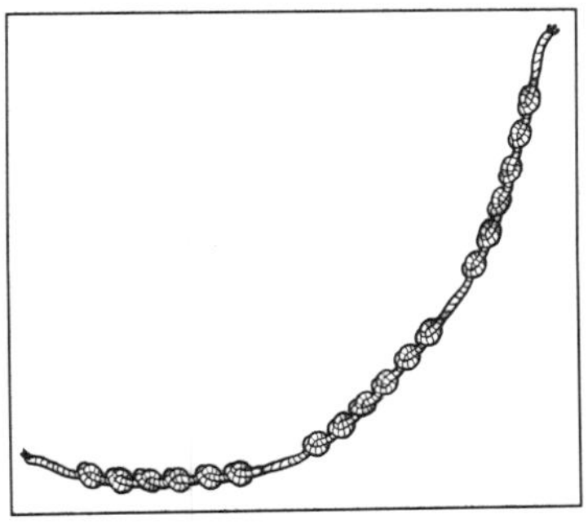

Mal-Aufgaben und Tauschaufgaben

Schreibe immer zwei Mal-Aufgaben.

1 a)  b) 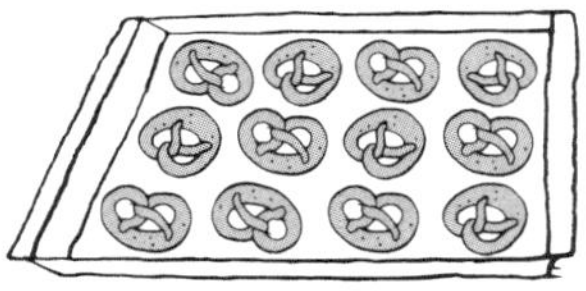

2 a) 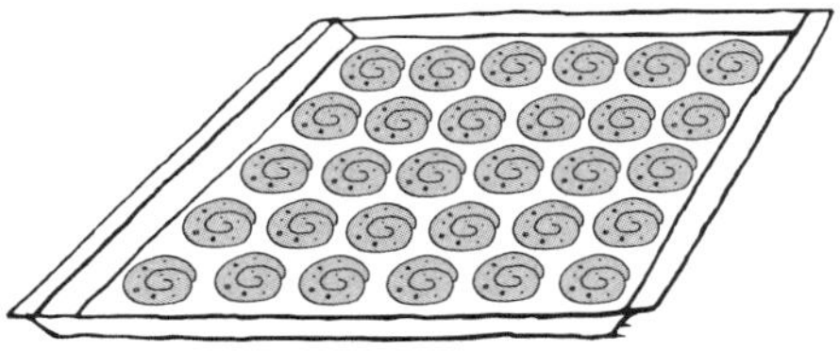 b) 

3 a) 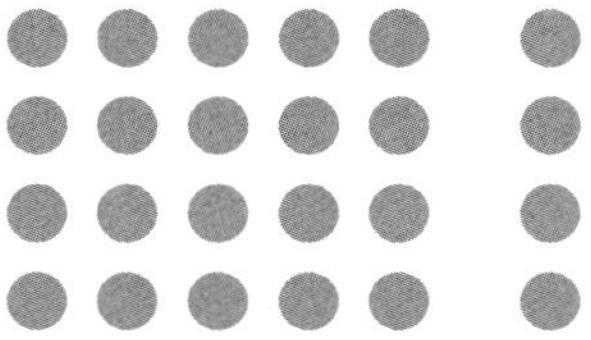 b) 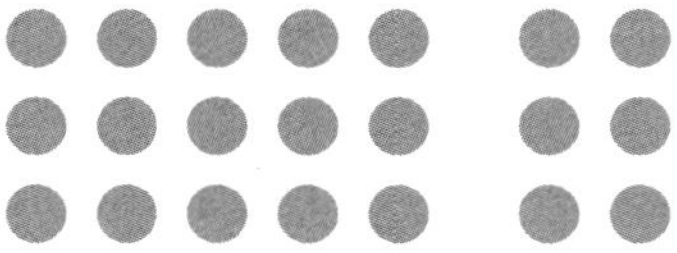 c) 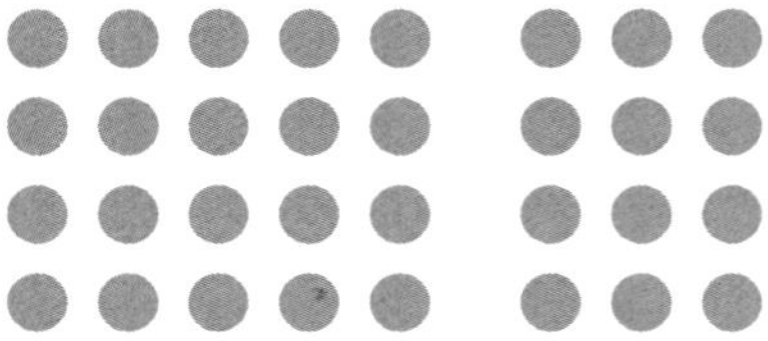

4 a) 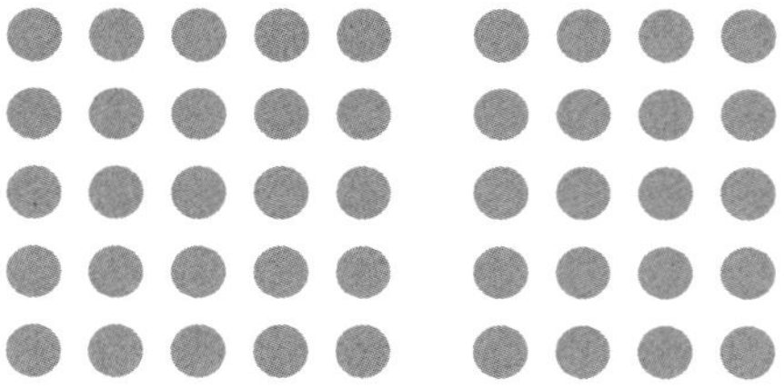 b) 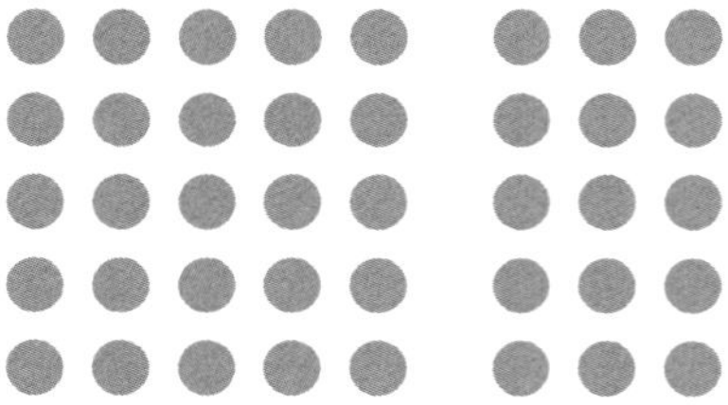

5 a) 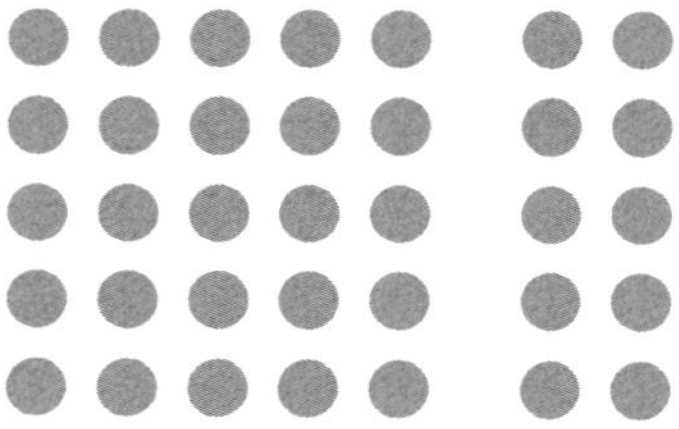 b) 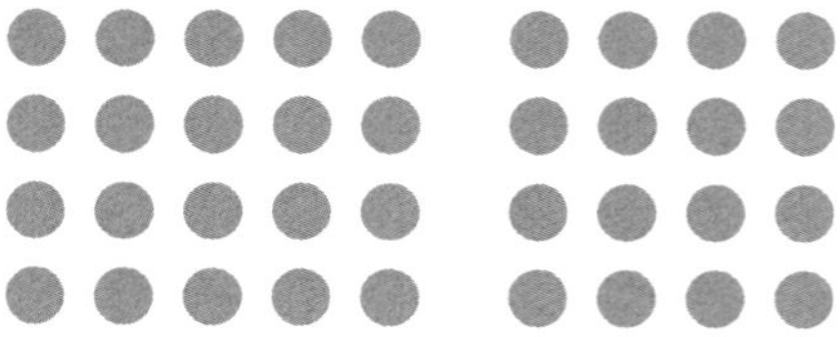

Durch-Aufgaben

Immer 4 Äpfel in ein Netz.

12 : 4 = 3
Es sind 3 Netze.

1 Immer 4 Äpfel in ein Netz.

20 : 4 = ____

Es sind _____ Netze.

2 Immer 6 Orangen in ein Netz.

a)

____

Es sind _____ Netze.

b)

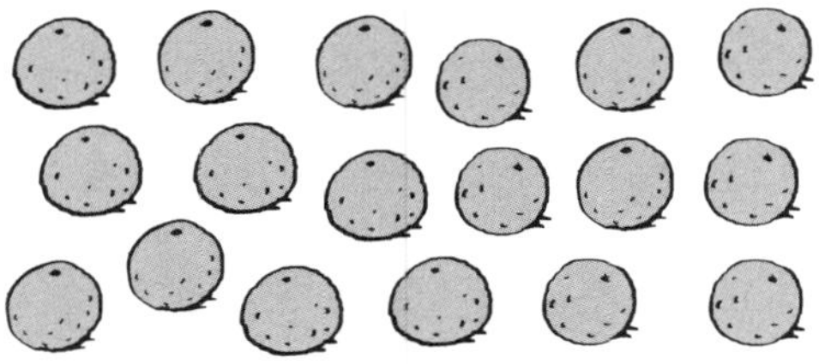

____

Es sind _____ Netze.

3 Immer 3 Brötchen in eine Tüte.

a)

____

Es sind _____ Tüten.

b)

____

Es sind _____ Tüten.

4 Immer 5 Plättchen für einen Turm.

a)

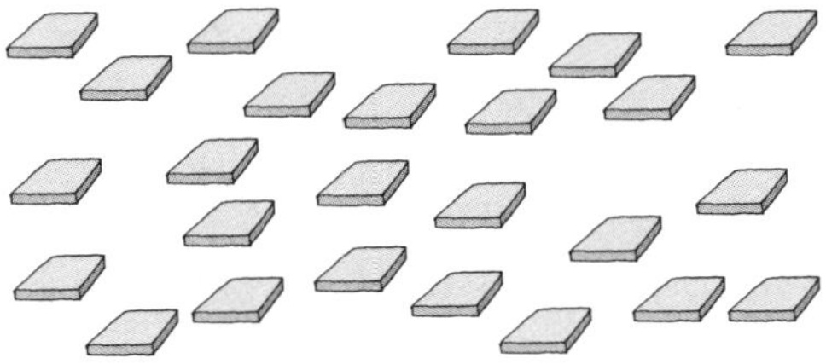

____

Es sind _____ Türme.

b)

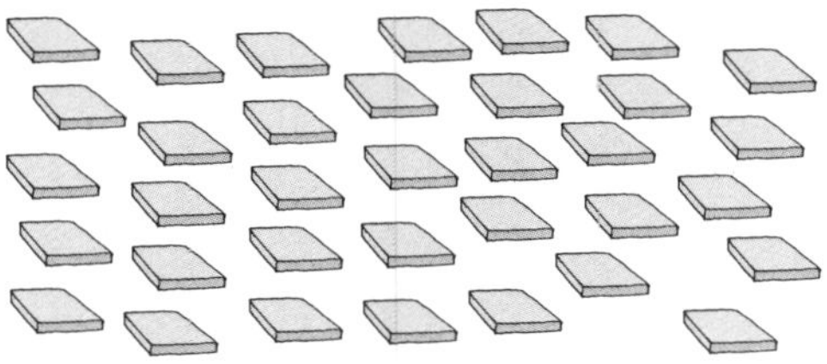

____

Es sind _____ Türme.

Einmaleins mit 2

1 a)

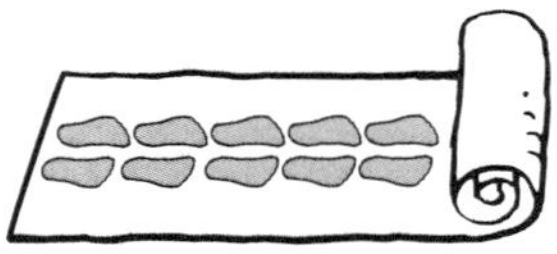

____

____

b)

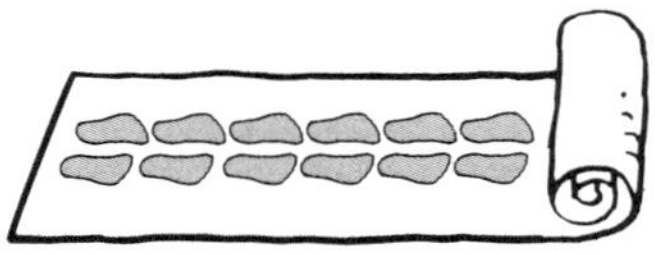

____

____

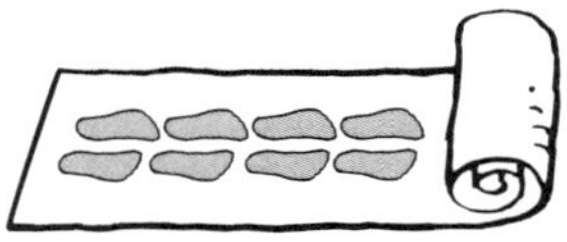

2 + 2 + 2 + 2 = 8
4 · 2 = 8

2 a)

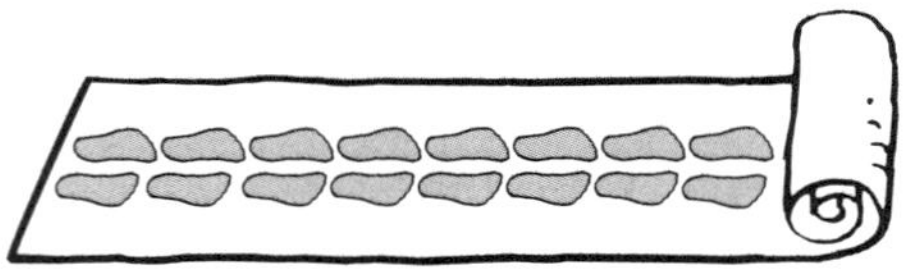

____

____

b)

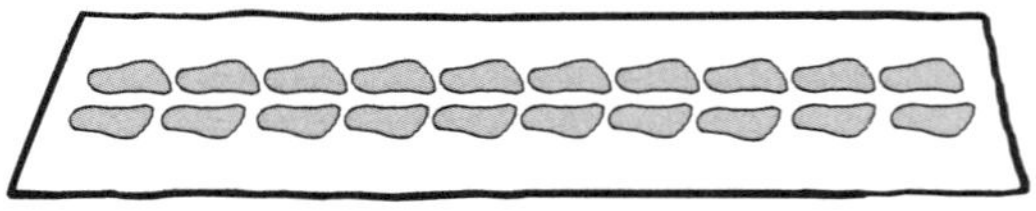

____

____

3 Trage die Zahlen der Zweier-Reihe ein.

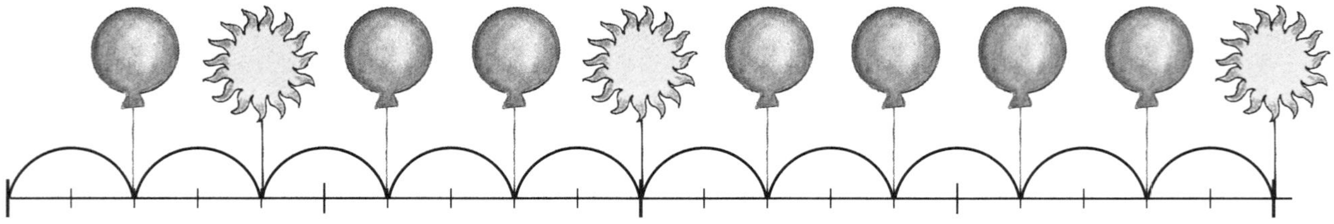

4 a) 2 · 2 = ____   b) 5 · 2 = ____   c) 10 · 2 = ____   d) 5 · 2 = ____
3 · 2 = ____   6 · 2 = ____   9 · 2 = ____   4 · 2 = ____

5 a) ____ · 2 = 10   b) ____ · 2 = 8   c) ____ · 2 = 6
____ · 2 = 20   ____ · 2 = 16   ____ · 2 = 12
____ · 2 = 4   ____ · 2 = 14   ____ · 2 = 18

6 a) 10 : 2 = ____   b) 20 : 2 = ____   c) 4 : 2 = ____
14 : 2 = ____   2 : 2 = ____   16 : 2 = ____

7 a) 12 : 2 = ____   b) 6 : 2 = ____   c) 14 : 2 = ____
20 : 2 = ____   8 : 2 = ____   18 : 2 = ____

8 Kreise die Zahlen der Zweier-Reihe ein.

16   7   12   15   18   9   6   14

Einmaleins mit 2

1 · 2 = ____
2 · 2 = ____
3 · 2 = ____
4 · 2 = ____
5 · 2 = ____
6 · 2 = ____
7 · 2 = ____
8 · 2 = ____
9 · 2 = ____
10 · 2 = ____

Einmaleins mit 10

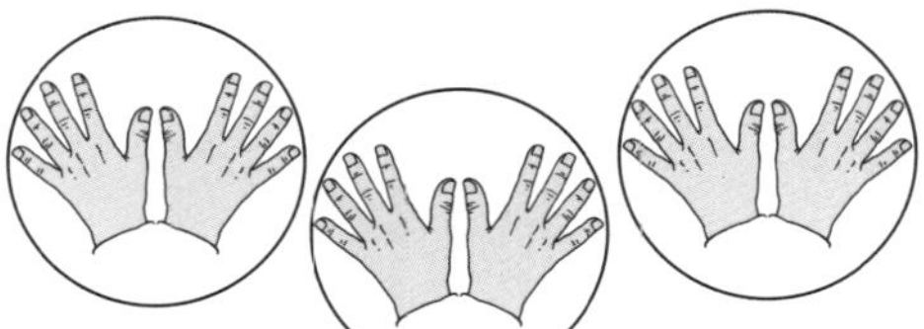

10 + 10 + 10 = 30
3 · 10 = 30

1

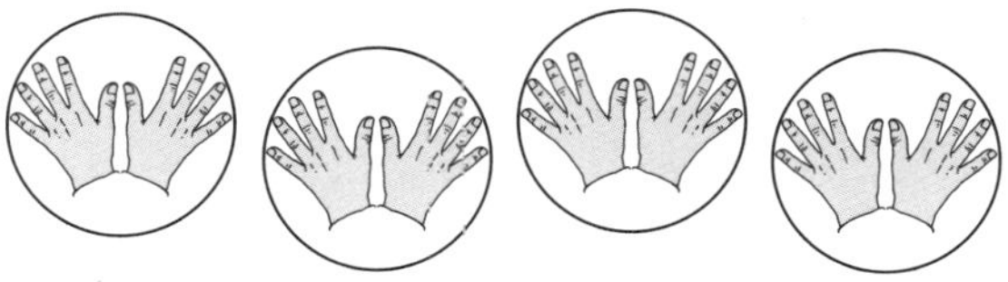

____

____

2 a)

____

____

b)

____

____

3 Schreibe Mal-Aufgabe und Tauschaufgabe.

a)

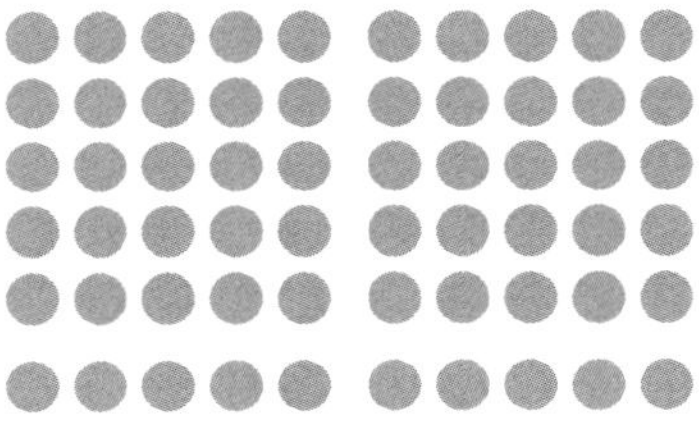

____

____

b)

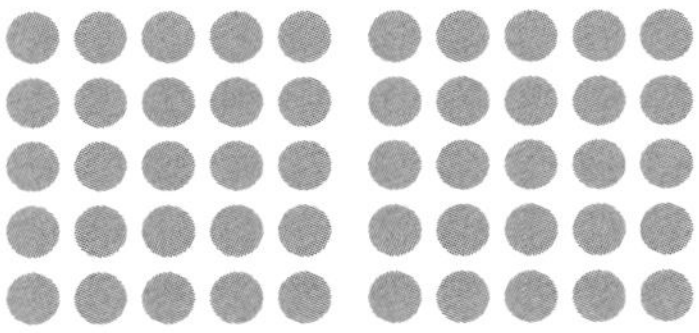

____

____

c)

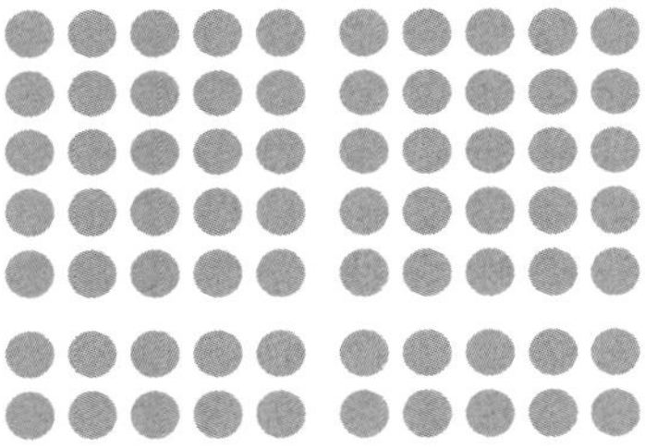

____

____

4

a)	b)	c)
3 · 10 = ___	5 · 10 = ___	2 · 10 = ___
7 · 10 = ___	9 · 10 = ___	4 · 10 = ___
0 · 10 = ___	6 · 10 = ___	8 · 10 = ___

5

a)	b)	c)
___ · 10 = 50	___ · 10 = 30	___ · 10 = 70
___ · 10 = 90	___ · 10 = 60	___ · 10 = 40
___ · 10 = 20	___ · 10 = 80	___ · 10 = 10

6

a)	b)	c)
70 : 10 = ___	30 : 10 = ___	50 : 10 = ___
20 : 10 = ___	80 : 10 = ___	10 : 10 = ___
60 : 10 = ___	100 : 10 = ___	40 : 10 = ___

Einmaleins mit 10

1 · 10 = ___
2 · 10 = ___
3 · 10 = ___
4 · 10 = ___
5 · 10 = ___
6 · 10 = ___
7 · 10 = ___
8 · 10 = ___
9 · 10 = ___
10 · 10 = ___

Einmaleins mit 5

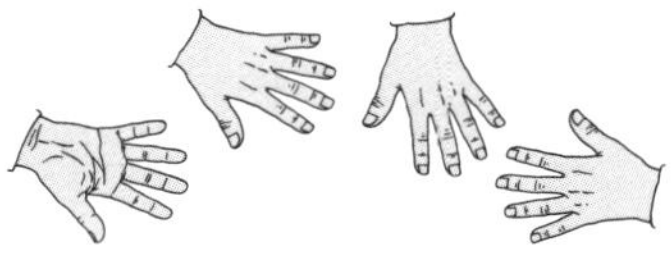

5 + 5 + 5 + 5 = 20
4 · 5 = 20

1 a)

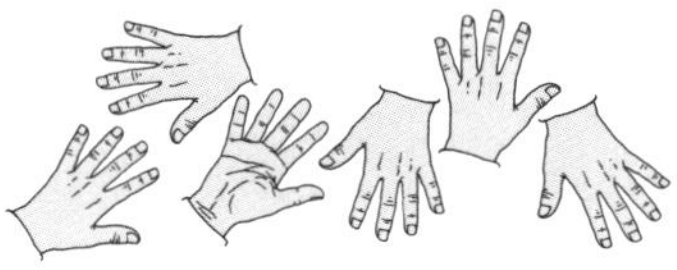

____

______

b)

____

______

2 a)

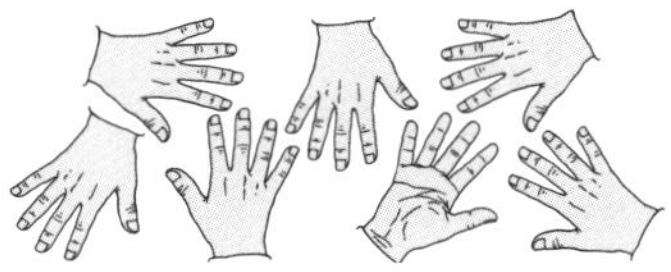

____

______

b)

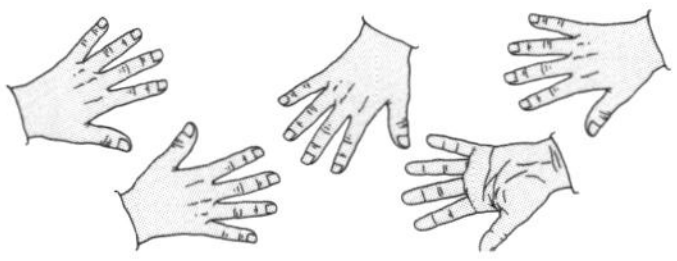

____

______

c)

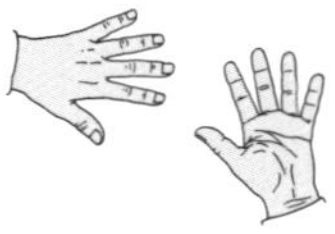

____

______

3 Trage die Zahlen der Fünfer-Reihe ein.

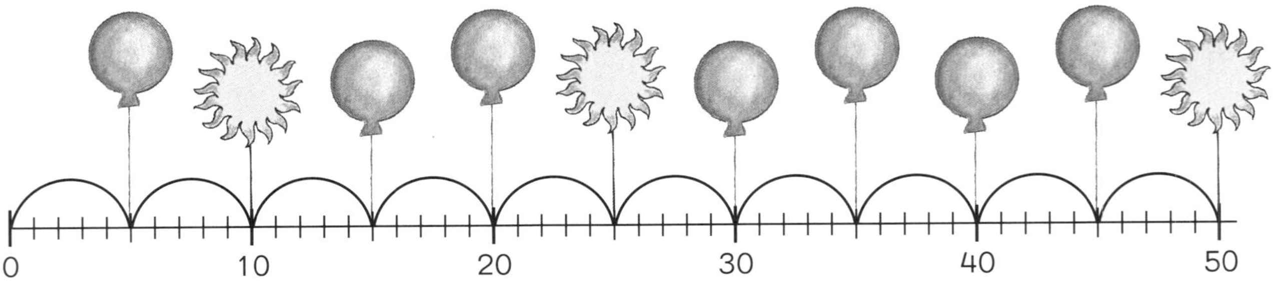

4 a) 2 · 5 = ____ b) 5 · 5 = ____ c) 10 · 5 = ____ d) 5 · 5 = ____
3 · 5 = ____ 6 · 5 = ____ 9 · 5 = ____ 4 · 5 = ____

5 a) ____ · 5 = 20 b) ____ · 5 = 30 c) ____ · 5 = 50
____ · 5 = 10 ____ · 5 = 15 ____ · 5 = 25

6 a) 30 : 5 = ____ b) 50 : 5 = ____ c) 15 : 5 = ____
20 : 5 = ____ 5 : 5 = ____ 35 : 5 = ____
10 : 5 = ____ 25 : 5 = ____ 45 : 5 = ____

7 a) 30 : 10 = ____ b) 40 : 10 = ____ c) 50 : 10 = ____
30 : 5 = ____ 40 : 5 = ____ 50 : 5 = ____

8 Kreise die Zahlen der Fünfer-Reihe ein.

15 18 35 40 27 30 50

Einmaleins mit 5
1 · 5 = ____
2 · 5 = ____
3 · 5 = ____
4 · 5 = ____
5 · 5 = ____
6 · 5 = ____
7 · 5 = ____
8 · 5 = ____
9 · 5 = ____
10 · 5 = ____

Einmaleins mit 4

1 a)

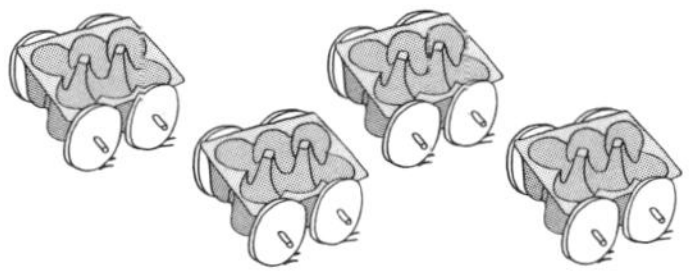

____

____

b)

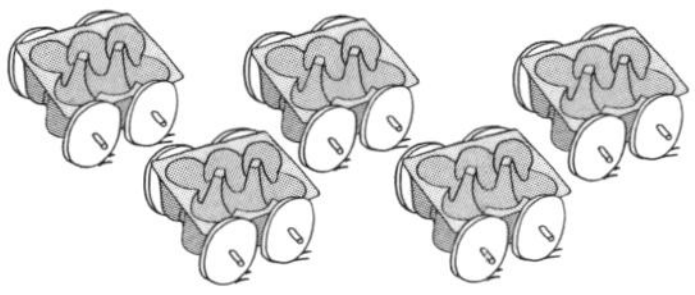

____

____

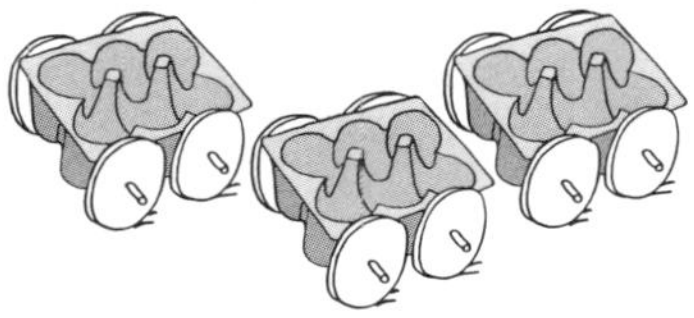

4 + 4 + 4 = 12
3 · 4 = 12

2 a)

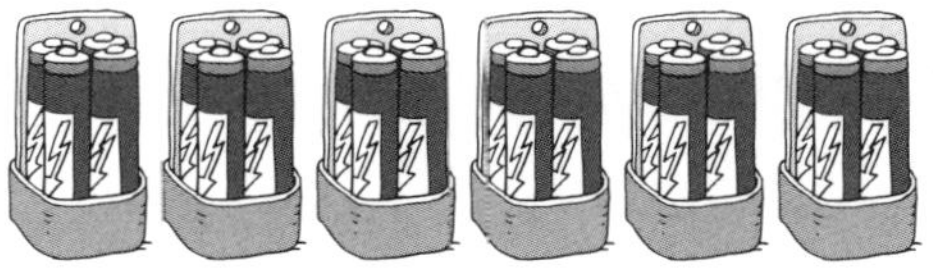

____

____

b)

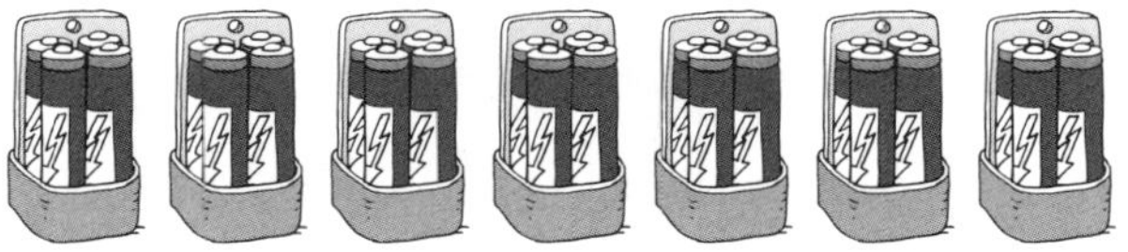

____

____

3 Trage die Zahlen der Vierer-Reihe ein.

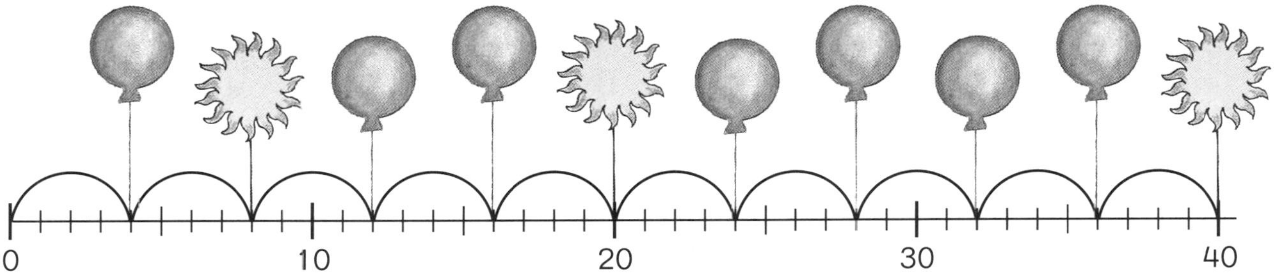

4 a) 2 · 4 = ____ b) 5 · 4 = ____ c) 10 · 4 = ____ d) 5 · 4 = ____
3 · 4 = ____ 4 · 4 = ____ 9 · 4 = ____ 6 · 4 = ____

5 a) 3 · 4 = ____ b) 5 · 4 = ____ c) 4 · 4 = ____
6 · 4 = ____ 10 · 4 = ____ 8 · 4 = ____

6 a) 6 · 4 = ____ b) 0 · 4 = ____ c) 1 · 4 = ____
8 · 4 = ____ 5 · 4 = ____ 7 · 4 = ____

7 a) 10 · 4 = ____ b) 4 · 4 = ____ c) 2 · 4 = ____
1 · 4 = ____ 3 · 4 = ____ 9 · 4 = ____

8 a) ____ · 4 = 16 b) ____ · 4 = 24 c) ____ · 4 = 40
____ · 4 = 8 ____ · 4 = 12 ____ · 4 = 20

Einmaleins mit 4

1 · 4 = ____
2 · 4 = ____
3 · 4 = ____
4 · 4 = ____
5 · 4 = ____
6 · 4 = ____
7 · 4 = ____
8 · 4 = ____
9 · 4 = ____
10 · 4 = ____

Einmaleins mit 4

1 Schreibe Mal-Aufgabe und Tauschaufgabe.

a) 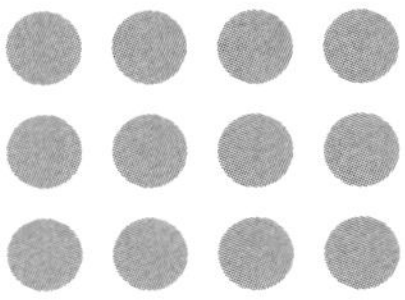

3 · 4 = ____

4 · 3 = ____

b) 

____

____

c) 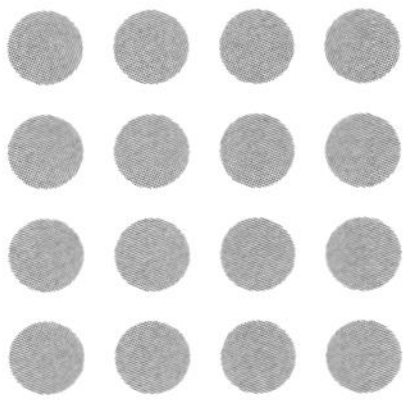

____

____

d) 

____

____

2 Aufgabe und Tauschaufgabe.

a) 3 · 4 = ____ 4 · 3 = ____

b) 6 · 4 = ____ ________

c) 8 · 4 = ____ ________

d) 2 · 4 = ____ ________

e) 5 · 4 = ____ ________

f) 7 · 4 = ____ ________

g) 9 · 4 = ____ ________

h) 10 · 4 = ____ ________

3 Wie heißt die Durch-Aufgabe?

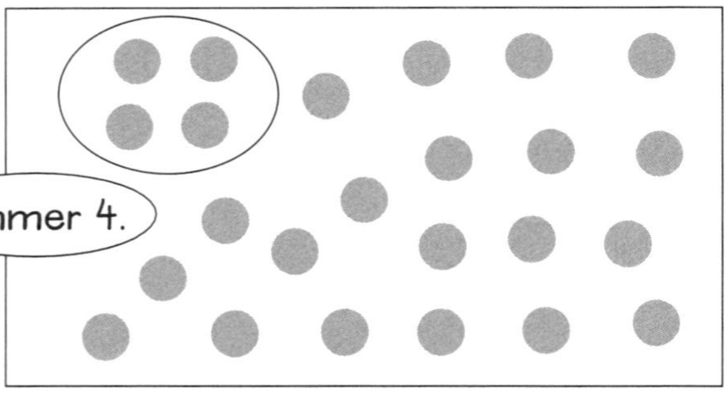

24 : 4 = ____

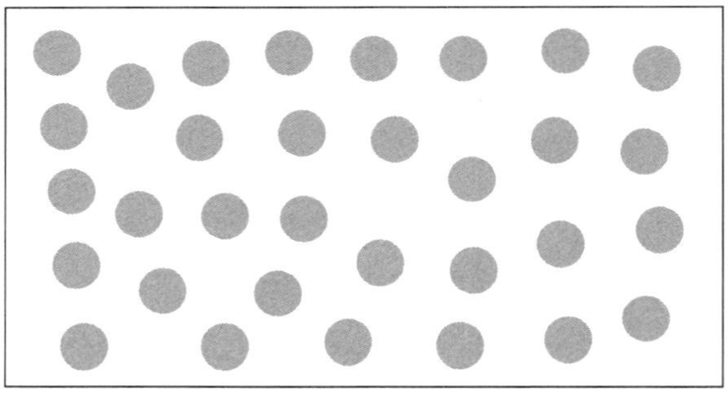

____

4 a) 16 : 4 = ____ 24 : 4 = ____

b) 8 : 4 = ____ 0 : 4 = ____

c) 36 : 4 = ____ 40 : 4 = ____

d) 28 : 4 = ____ 20 : 4 = ____

5 a) 12 : 4 = ____ 28 : 4 = ____

b) 32 : 4 = ____ 40 : 4 = ____

c) 20 : 5 = ____ 40 : 5 = ____

d) 20 : 10 = ____ 4 : 4 = ____

6 Ein Päckchen Batterien kostet 4 €. Pia kauft drei Päckchen.

Frage: ________ Rechnung: ________

Antwort: ________

Einmaleins mit 3

1 a) 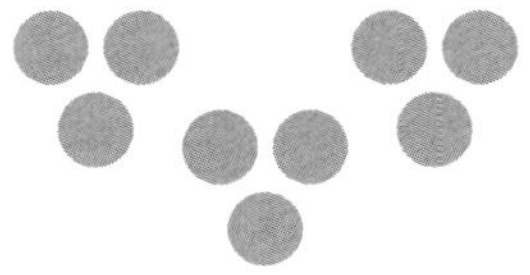

____

____

b) 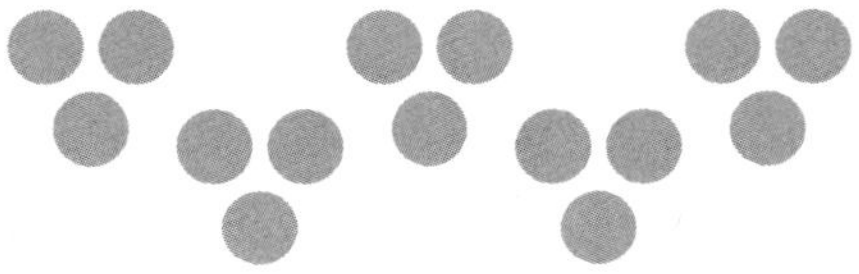

____

____

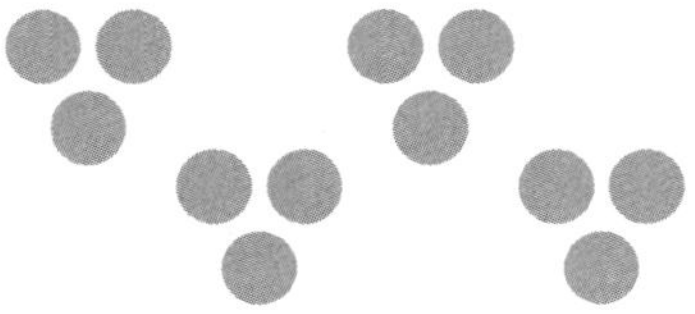

3 + 3 + 3 + 3 = 12
4 · 3 = 12

2 a) 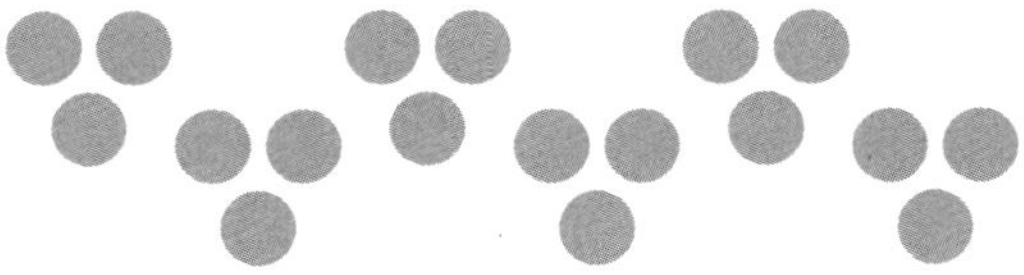

____

____

b) 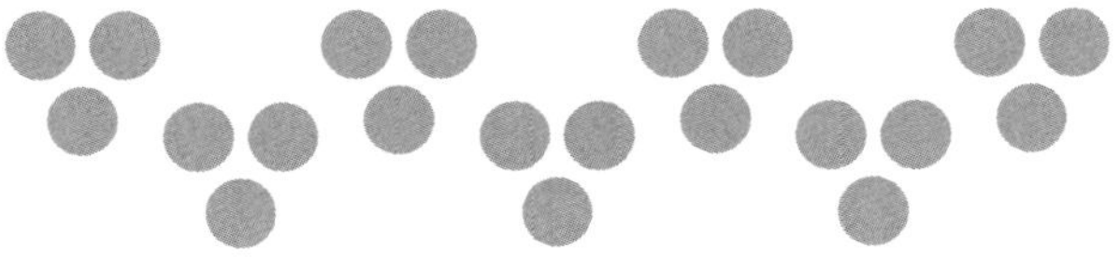

____

____

3 Trage die Zahlen der Dreier-Reihe ein.

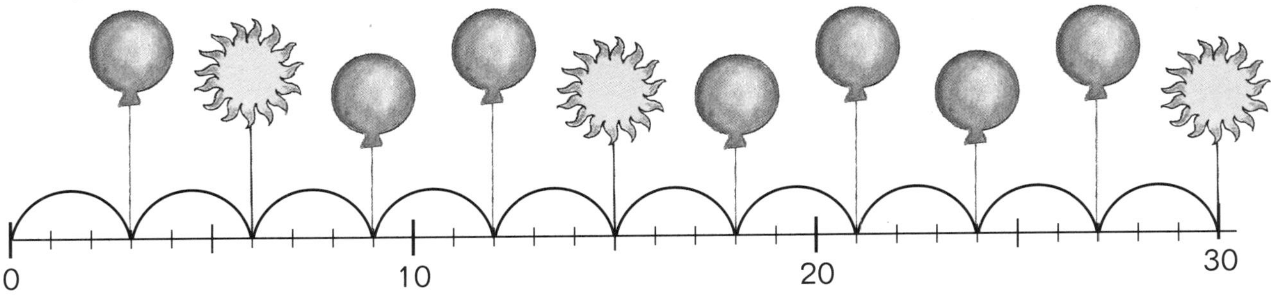

4 a) 2 · 3 = ____
3 · 3 = ____

b) 5 · 3 = ____
6 · 3 = ____

c) 10 · 3 = ____
9 · 3 = ____

d) 5 · 3 = ____
4 · 3 = ____

5 a) 4 · 3 = ____
8 · 3 = ____

b) 3 · 3 = ____
6 · 3 = ____

c) 5 · 3 = ____
10 · 3 = ____

6 a) 7 · 3 = ____
0 · 3 = ____
5 · 3 = ____

b) 1 · 3 = ____
8 · 3 = ____
4 · 3 = ____

c) 10 · 3 = ____
2 · 3 = ____
6 · 3 = ____

7 a) 5 · 2 = ____
5 · 3 = ____
5 · 4 = ____
5 · 5 = ____

b) 8 · 2 = ____
8 · 3 = ____
8 · 4 = ____
8 · 5 = ____

c) 9 · 2 = ____
9 · 3 = ____
9 · 4 = ____
9 · 5 = ____

Einmaleins mit 3
1 · 3 = ____
2 · 3 = ____
3 · 3 = ____
4 · 3 = ____
5 · 3 = ____
6 · 3 = ____
7 · 3 = ____
8 · 3 = ____
9 · 3 = ____
10 · 3 = ____

Einmaleins mit 3

1 Schreibe Mal-Aufgabe und Tauschaufgabe.

a) 
______
______

b) 
______
______

c) 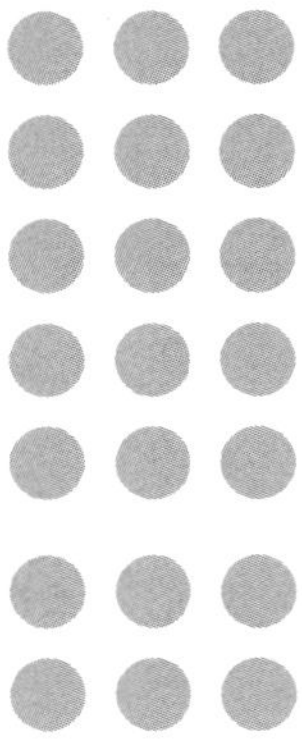
______
______

d) 
______
______

2 Aufgabe und Tauschaufgabe.

a) 5 · 3 = ____
3 · 5 = ____

b) 7 · 3 = ____
______

c) 9 · 3 = ____
______

d) 8 · 3 = ____
______

3 Wie heißt die Durch-Aufgabe?

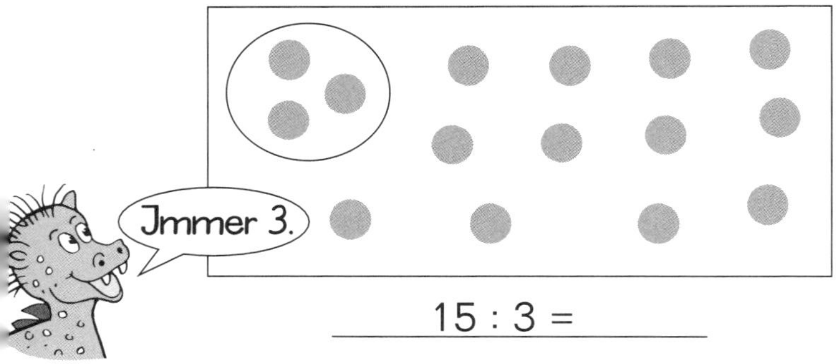

15 : 3 = ____

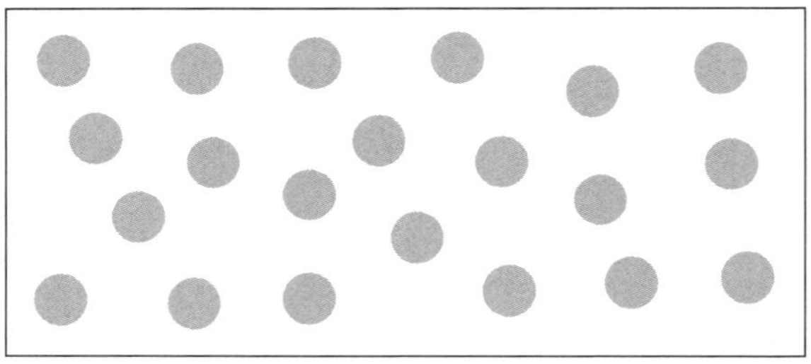

______

4 a) 12 : 3 = ____ 24 : 3 = ____ b) 9 : 3 = ____ 18 : 3 = ____ c) 15 : 3 = ____ 30 : 3 = ____ d) 3 : 3 = ____ 6 : 3 = ____

5 a) 15 : 3 = ____ 18 : 3 = ____ b) 30 : 3 = ____ 27 : 3 = ____ c) 6 : 3 = ____ 9 : 3 = ____ d) 24 : 3 = ____ 21 : 3 = ____

6 a) 12 : 3 = ____ 12 : 4 = ____ b) 6 : 3 = ____ 6 : 2 = ____ c) 30 : 3 = ____ 30 : 10 = ____ d) 15 : 3 = ____ 15 : 5 = ____

7 Die Lehrerin bringt 21 Jongliertücher mit. Immer drei für ein Kind.

Frage: ______ Rechnung: ______

Antwort: ______

Einmaleins mit 6

1 a)

______________ ______________

______________ ______________

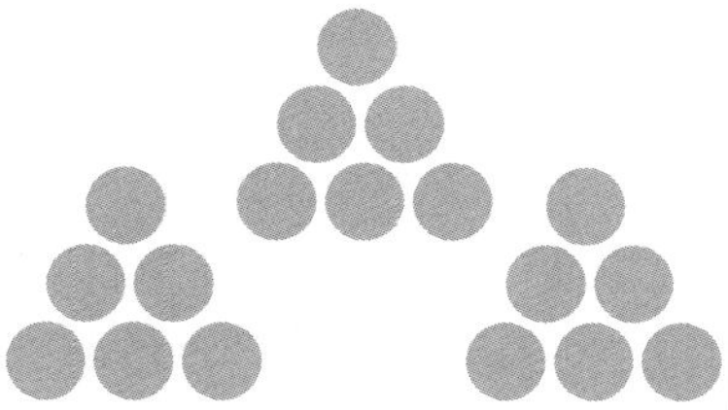

6 + 6 + 6 = 18
3 · 6 = 18

2 Trage die Zahlen der Sechser-Reihe ein.

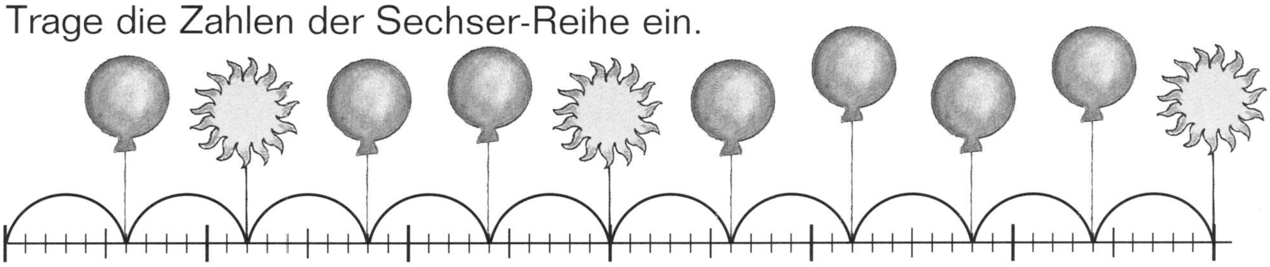

3 a) 2 · 6 = ____ b) 5 · 6 = ____ c) 10 · 6 = ____ d) 5 · 6 = ____
3 · 6 = ____ 4 · 6 = ____ 9 · 6 = ____ 6 · 6 = ____

4 a) 8 · 6 = ____ b) 9 · 6 = ____ c) 7 · 6 = ____ d) 1 · 6 = ____
0 · 6 = ____ 3 · 6 = ____ 6 · 6 = ____ 4 · 6 = ____

5 Aufgabe und Tauschaufgabe.
a) 3 · 6 = ____ b) 4 · 6 = ____ c) 8 · 6 = ____ d) 7 · 6 = ____
6 · 3 = ____ ________ ________ ________

6 a) ____ · 6 = 18 b) ____ · 6 = 36 c) ____ · 6 = 54
____ · 6 = 42 ____ · 6 = 60 ____ · 6 = 48
____ · 6 = 24 ____ · 6 = 12 ____ · 6 = 30

7 a) 48 : 6 = ____ b) 6 : 6 = ____ c) 36 : 6 = ____
30 : 6 = ____ 18 : 6 = ____ 24 : 6 = ____
42 : 6 = ____ 54 : 6 = ____ 0 : 6 = ____

8 a) 24 : 6 = ____ b) 12 : 6 = ____ c) 30 : 6 = ____
24 : 3 = ____ 12 : 3 = ____ 30 : 3 = ____
24 : 4 = ____ 12 : 2 = ____ 30 : 5 = ____

Einmaleins mit 6
1 · 6 = ____
2 · 6 = ____
3 · 6 = ____
4 · 6 = ____
5 · 6 = ____
6 · 6 = ____
7 · 6 = ____
8 · 6 = ____
9 · 6 = ____
10 · 6 = ____

Das Maldurch

1 Drei Zahlen im Kopf,
vier Aufgaben im Bauch,
das ist das Maldurch.

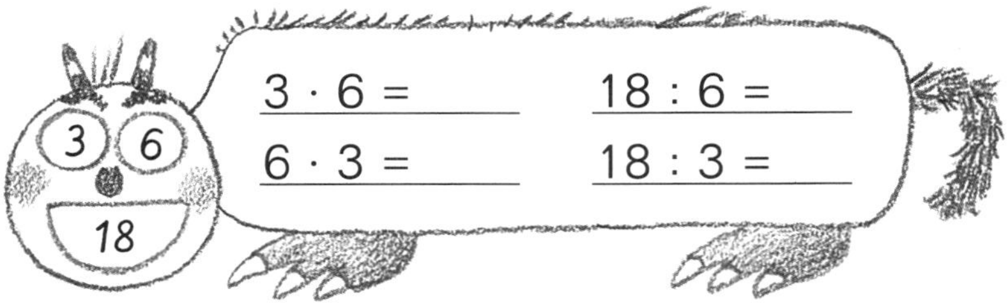

2 a)

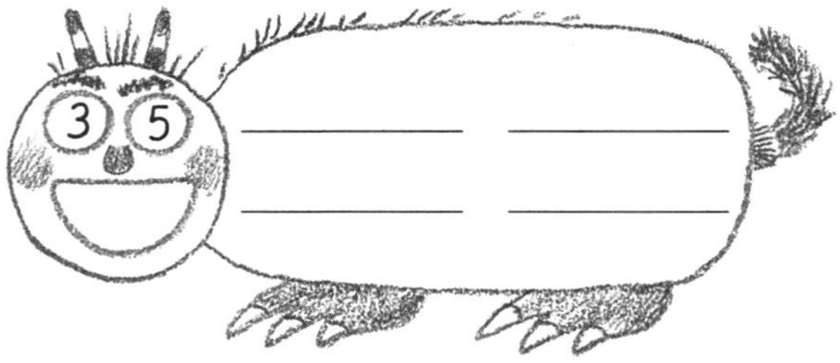

b)

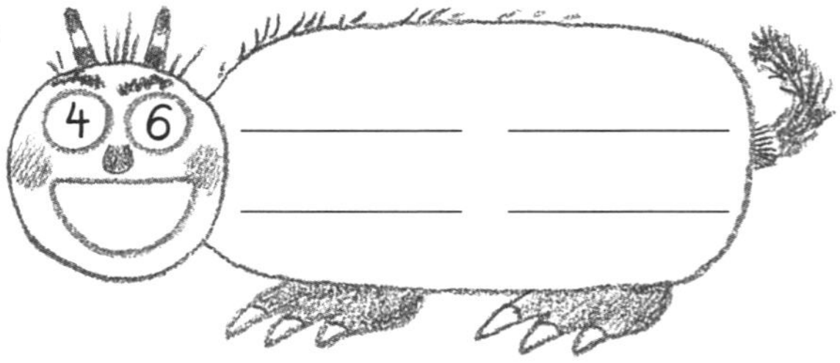

3 a)

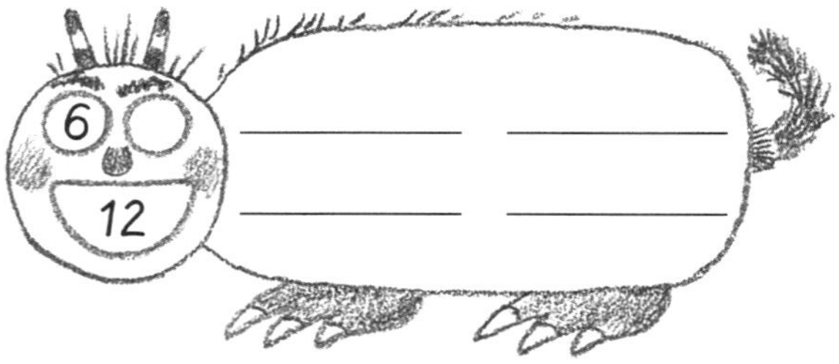

b)

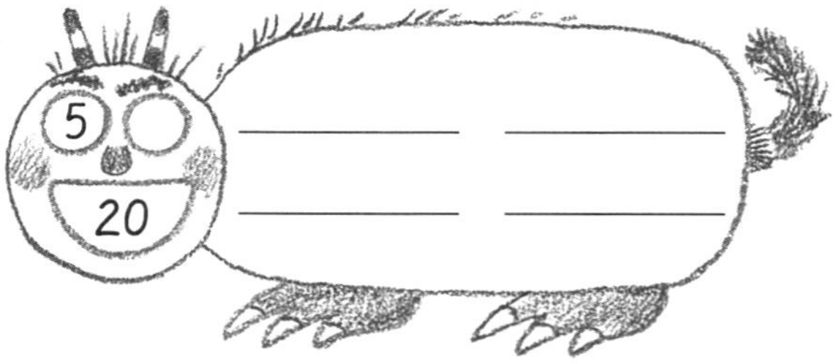

4 a)

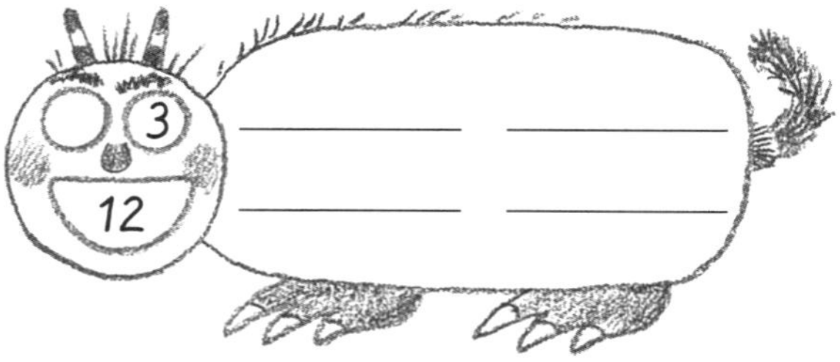

b)

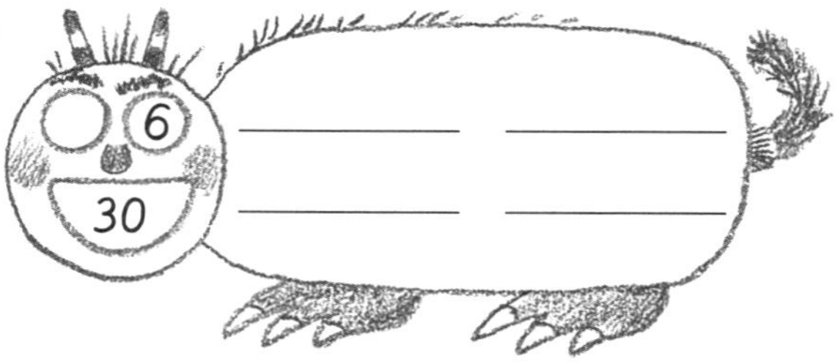

5 a)

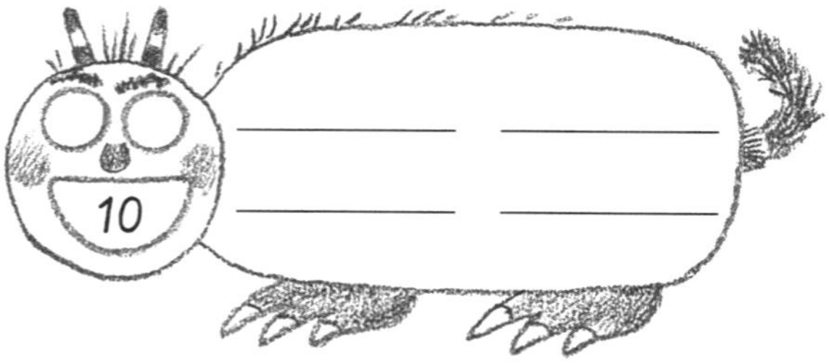

b)

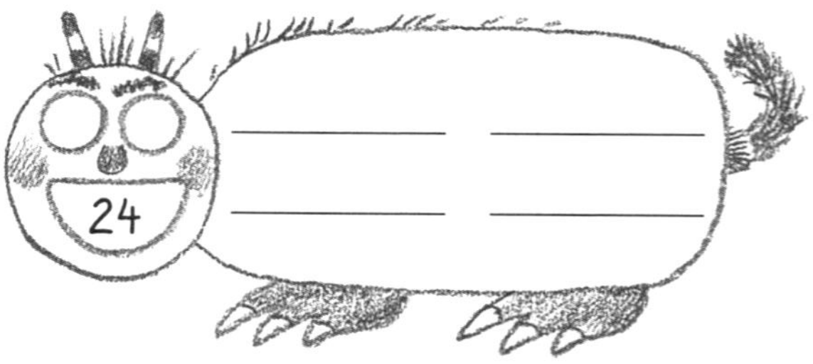

6 Maldurch mit dünnem Bauch.

a)

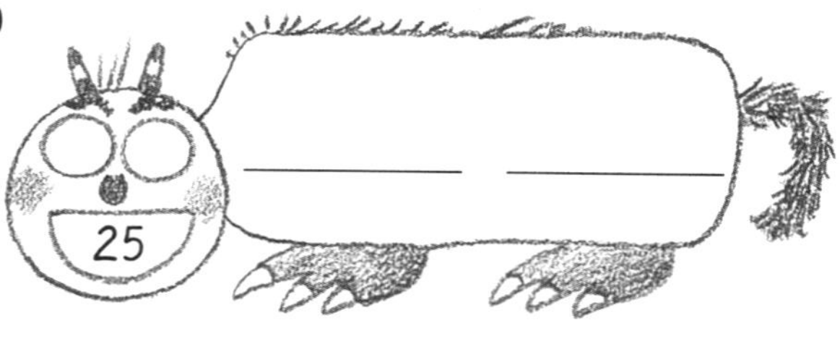

b)

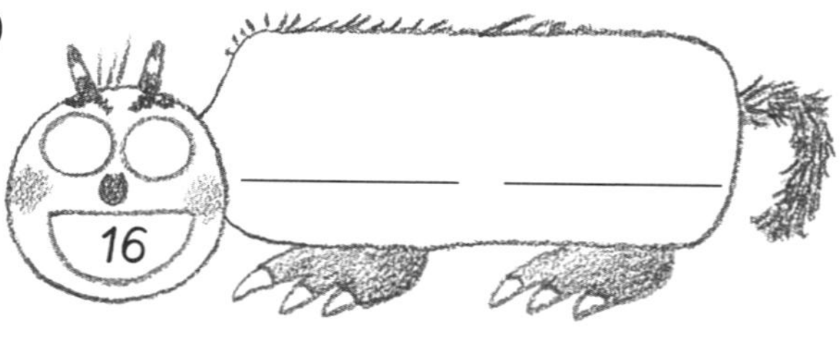

Einmaleins mit 9

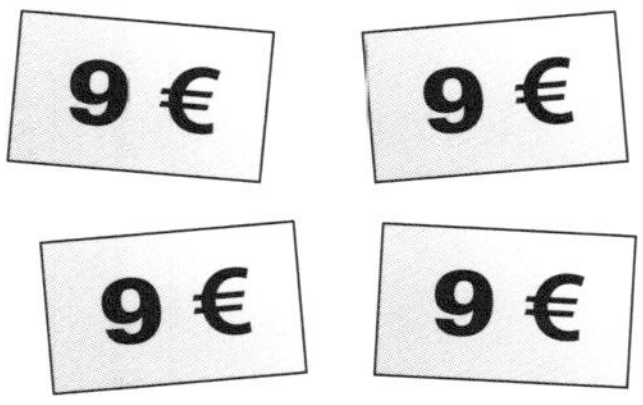

9 + 9 + 9 + 9 = 36
4 · 9 = 36

1 a)

____
____

b)

____
____

2 a)

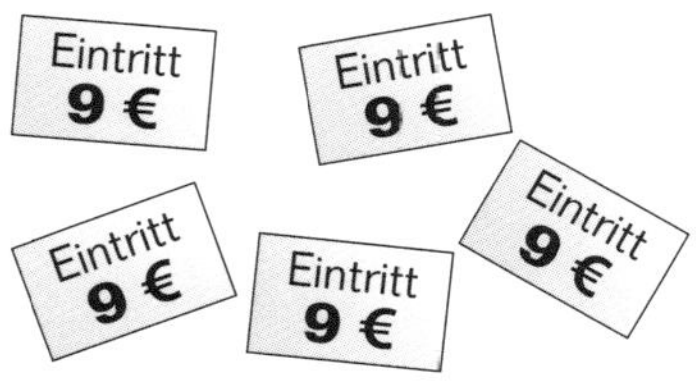

____
____

b)

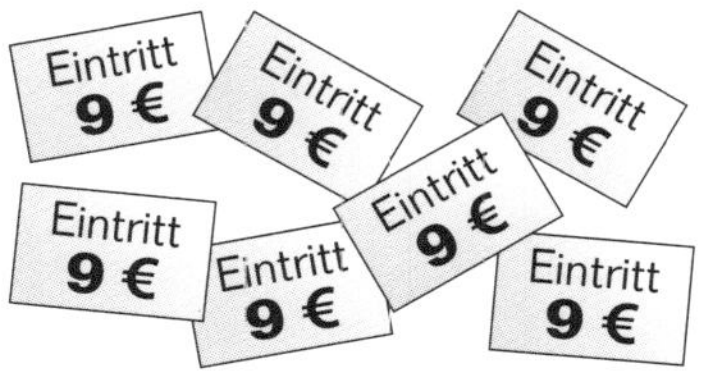

____
____

3 Trage die Zahlen der Neuner-Reihe ein.

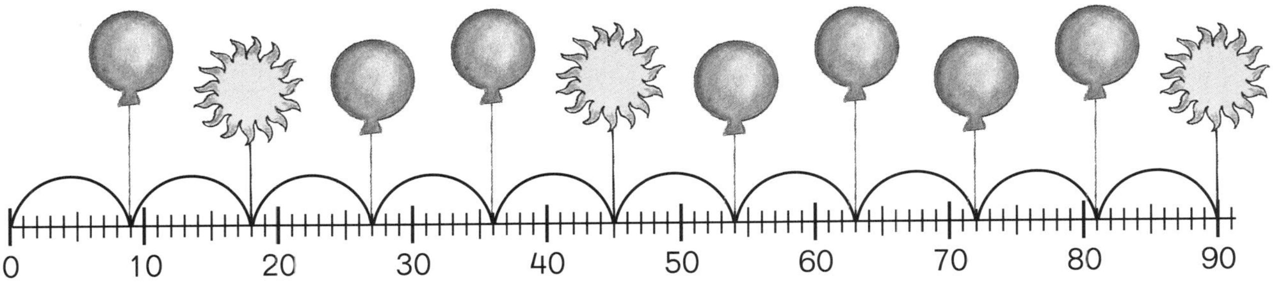

4 a) 2 · 9 = ____ 3 · 9 = ____
b) 5 · 9 = ____ 6 · 9 = ____
c) 10 · 9 = ____ 9 · 9 = ____

5 a) 4 · 9 = ____ 8 · 9 = ____ 6 · 9 = ____
b) 0 · 9 = ____ 7 · 9 = ____ 9 · 9 = ____
c) 3 · 9 = ____ 1 · 9 = ____ 5 · 9 = ____

6 a) ____ · 9 = 18 ____ · 9 = 45 ____ · 9 = 9 ____ · 9 = 90
b) ____ · 9 = 54 ____ · 9 = 27 ____ · 9 = 72 ____ · 9 = 0
c) ____ · 9 = 81 ____ · 9 = 36 ____ · 9 = 63 ____ · 9 = 9

Einmaleins mit 9
1 · 9 = ____
2 · 9 = ____
3 · 9 = ____
4 · 9 = ____
5 · 9 = ____
6 · 9 = ____
7 · 9 = ____
8 · 9 = ____
9 · 9 = ____
10 · 9 = ____

Einmaleins mit 9

1 Schreibe Mal-Aufgabe und Tauschaufgabe.

a) 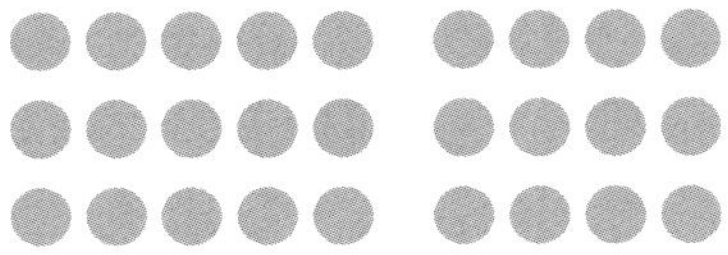

____

____

b) 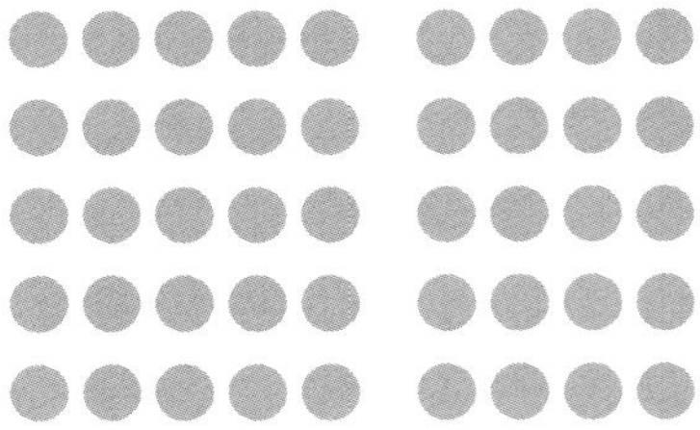

____

____

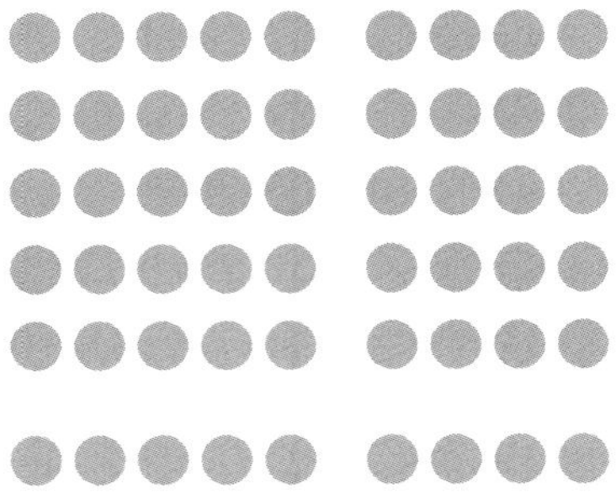

$6 \cdot 9 = 54$

$9 \cdot 6 = 54$

2 Aufgabe und Tauschaufgabe.

a) $2 \cdot 9 =$ ____ b) $4 \cdot 9 =$ ____ c) $8 \cdot 9 =$ ____ d) $7 \cdot 9 =$ ____

$9 \cdot 2 =$ ____ __________ __________ __________

3 Wie heißt die Durch-Aufgabe?

a) 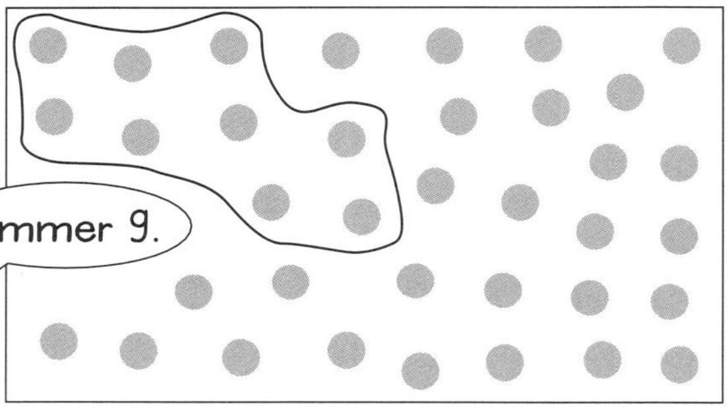

$36 : 9 =$ ____

b) 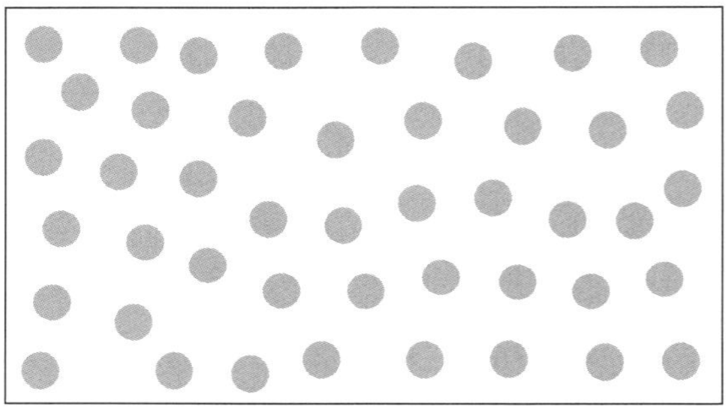

____

4

a) $18 : 9 =$ ____
$54 : 9 =$ ____
$90 : 9 =$ ____

b) $9 : 9 =$ ____
$63 : 9 =$ ____
$81 : 9 =$ ____

c) $90 : 9 =$ ____
$27 : 9 =$ ____
$0 : 9 =$ ____

d) $72 : 9 =$ ____
$45 : 9 =$ ____
$36 : 9 =$ ____

5 Immer zwei Aufgaben haben dasselbe Ergebnis.
Färbe mit derselben Farbe.

a)

$2 \cdot 9 =$ ____
$4 \cdot 9 =$ ____
$3 \cdot 9 =$ ____
$6 \cdot 3 =$ ____
$9 \cdot 3 =$ ____
$6 \cdot 6 =$ ____

b)

$18 : 6 =$ ____
$27 : 3 =$ ____
$36 : 6 =$ ____
$27 : 9 =$ ____
$81 : 9 =$ ____
$54 : 9 =$ ____

Einmaleins mit 8

1 a)

____

____

b)

____

____

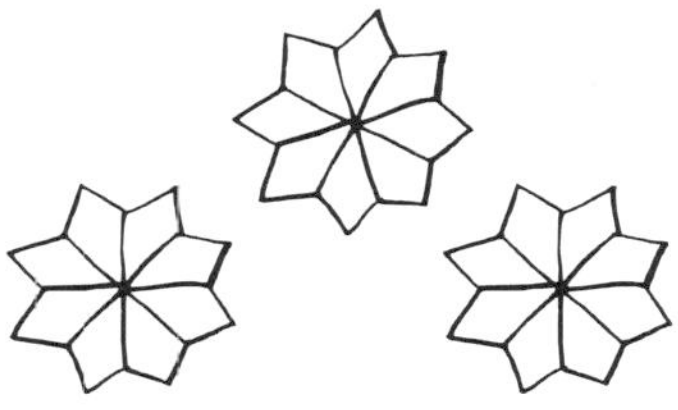

8 + 8 + 8 = 24
3 · 8 = 24

2 Trage die Zahlen der Achter-Reihe ein.

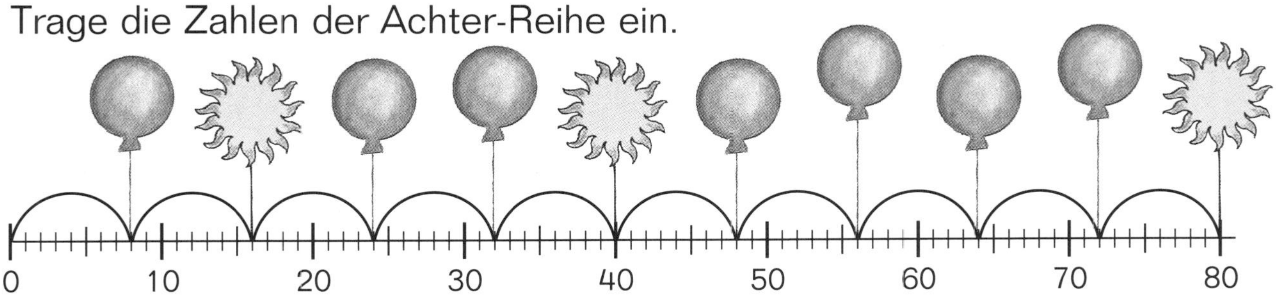

3 a) 2 · 8 = ____ b) 5 · 8 = ____ c) 10 · 8 = ____ d) 5 · 8 = ____
3 · 8 = ____ 4 · 8 = ____ 9 · 8 = ____ 6 · 8 = ____

4 a) 7 · 8 = ____ b) 9 · 8 = ____ c) 8 · 8 = ____ d) 1 · 8 = ____
6 · 8 = ____ 3 · 8 = ____ 0 · 8 = ____ 10 · 8 = ____

5 Aufgabe und Tauschaufgabe.
a) 3 · 8 = ____ b) 6 · 8 = ____ c) 9 · 8 = ____ d) 7 · 8 = ____
8 · 3 = ____ ________ ________ ________

6 a) ____ · 8 = 24 b) ____ · 8 = 80 c) ____ · 8 = 72
____ · 8 = 48 ____ · 8 = 56 ____ · 8 = 16
____ · 8 = 40 ____ · 8 = 64 ____ · 8 = 32

7 a) 56 : 8 = ____ b) 48 : 8 = ____ c) 40 : 8 = ____
32 : 8 = ____ 16 : 8 = ____ 72 : 8 = ____
8 : 8 = ____ 64 : 8 = ____ 24 : 8 = ____

8 a) 24 : 8 = ____ b) 16 : 8 = ____ c) 32 : 8 = ____
24 : 4 = ____ 16 : 4 = ____ 32 : 4 = ____
24 : 6 = ____ 16 : 2 = ____ 64 : 8 = ____

Einmaleins mit 8

1 · 8 = ____
2 · 8 = ____
3 · 8 = ____
4 · 8 = ____
5 · 8 = ____
6 · 8 = ____
7 · 8 = ____
8 · 8 = ____
9 · 8 = ____
10 · 8 = ____

Übungen

7 · 5 = _____ rot
3 · 8 = _____ blau
6 · 5 = _____ grün
9 · 5 = _____ gelb
18 : 3 = _____ grün
35 : 5 = _____ rot
54 : 6 = _____ gelb

6 · 9 = _____ gelb
7 · 8 = _____ rot
3 · 6 = _____ grün
9 · 9 = _____ blau
16 : 4 = _____ rot
21 : 3 = _____ blau
20 : 4 = _____ grün

8 · 8 = _____ grün
7 · 9 = _____ gelb
5 · 8 = _____ rot
4 · 9 = _____ blau
48 : 6 = _____ rot
15 : 5 = _____ grün
12 : 3 = _____ blau

9 · 8 = _____ blau
7 · 4 = _____ rot
3 · 9 = _____ gelb
7 · 6 = _____ grün
56 : 8 = _____ gelb
40 : 5 = _____ rot
24 : 6 = _____ grün

Einmaleins mit 7

1 a)

Mo	Di	Mi	Do	Fr	Sa	So
1	2	3	4	5	6	7
8	9	10	11	12	13	14

b)

Mo	Di	Mi	Do	Fr	Sa	So
1	2	3	4	5	6	7
8	9	10	11	12	13	14
15	16	17	18	19	20	21
22	23	24	25	26	27	28

Mo	Di	Mi	Do	Fr	Sa	So
1	2	3	4	5	6	7
8	9	10	11	12	13	14
15	16	17	18	19	20	21

$7 + 7 + 7 = 21$

$3 \cdot 7 = 21$

2 a)

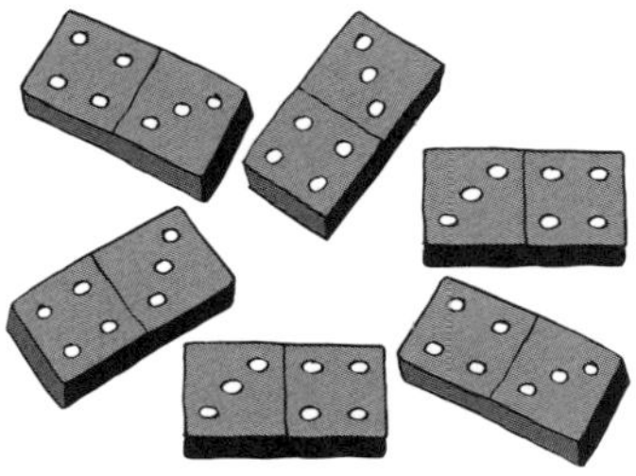

b)

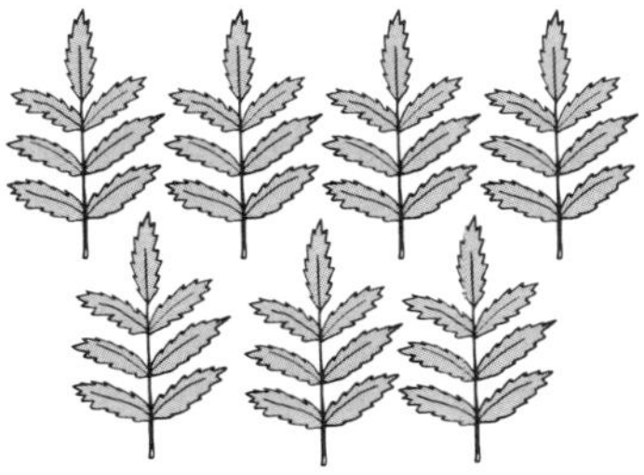

c)

3 Trage die Zahlen der Siebener-Reihe ein.

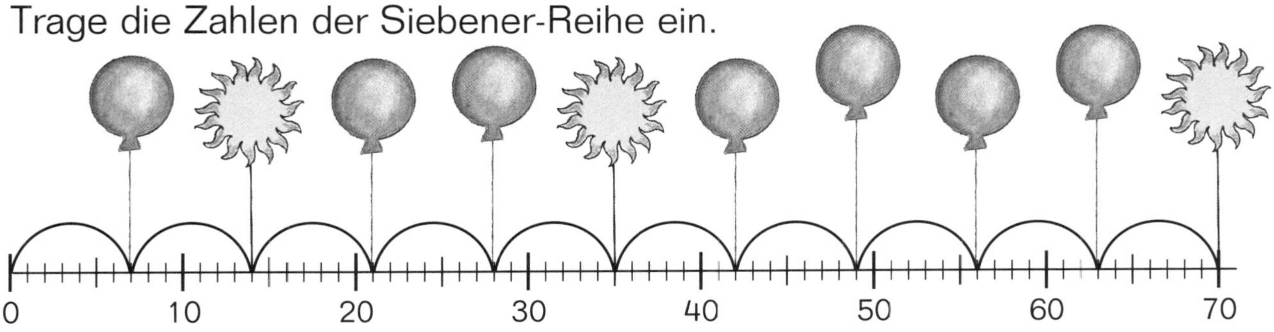

4 a) $2 \cdot 7 =$ ____ b) $5 \cdot 7 =$ ____ c) $10 \cdot 7 =$ ____

$3 \cdot 7 =$ ____ $6 \cdot 7 =$ ____ $9 \cdot 7 =$ ____

5 a) $8 \cdot 7 =$ ____ b) $0 \cdot 7 =$ ____ c) $1 \cdot 7 =$ ____

$6 \cdot 7 =$ ____ $7 \cdot 7 =$ ____ $3 \cdot 7 =$ ____

$4 \cdot 7 =$ ____ $9 \cdot 7 =$ ____ $5 \cdot 7 =$ ____

6 a) ____ $\cdot 7 = 21$ b) ____ $\cdot 7 = 63$ c) ____ $\cdot 7 = 56$

____ $\cdot 7 = 35$ ____ $\cdot 7 = 0$ ____ $\cdot 7 = 28$

____ $\cdot 7 = 7$ ____ $\cdot 7 = 49$ ____ $\cdot 7 = 42$

____ $\cdot 7 = 14$ ____ $\cdot 7 = 70$ ____ $\cdot 7 = 7$

Einmaleins mit 7

$1 \cdot 7 =$ ____
$2 \cdot 7 =$ ____
$3 \cdot 7 =$ ____
$4 \cdot 7 =$ ____
$5 \cdot 7 =$ ____
$6 \cdot 7 =$ ____
$7 \cdot 7 =$ ____
$8 \cdot 7 =$ ____
$9 \cdot 7 =$ ____
$10 \cdot 7 =$ ____

Einmaleins mit 7

1 Schreibe Mal-Aufgabe und Tauschaufgabe.

a) 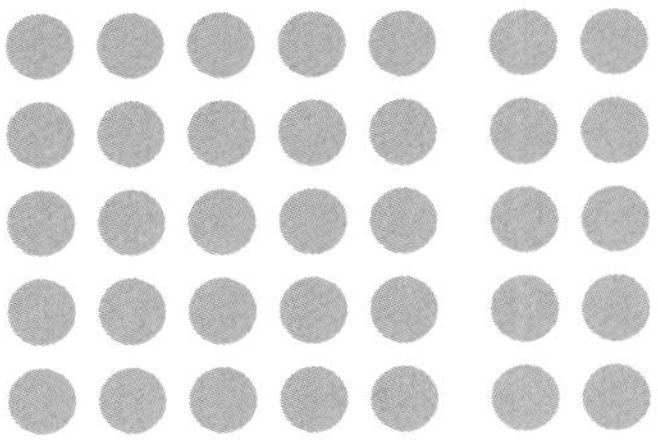

____

____

b) 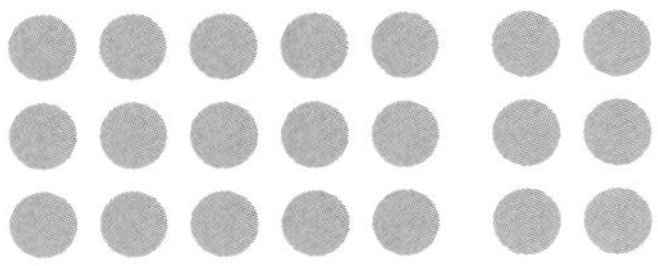

____

____

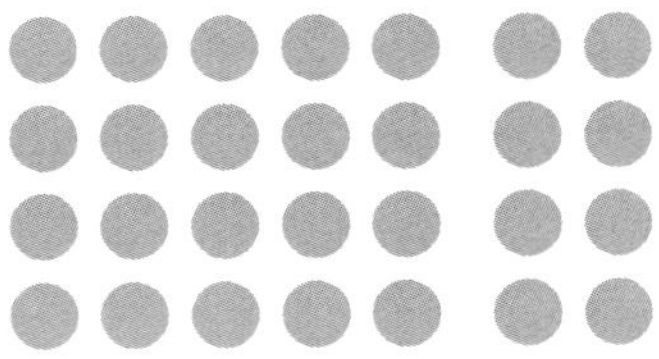

$4 \cdot 7 = 28$

$7 \cdot 4 = 28$

2 Aufgabe und Tauschaufgabe.

a) $2 \cdot 7 =$ ____
$7 \cdot 2 =$ ____

b) $6 \cdot 7 =$ ____
____

c) $9 \cdot 7 =$ ____
____

d) $8 \cdot 7 =$ ____
____

3 Wie heißt die Durch-Aufgabe?

a) 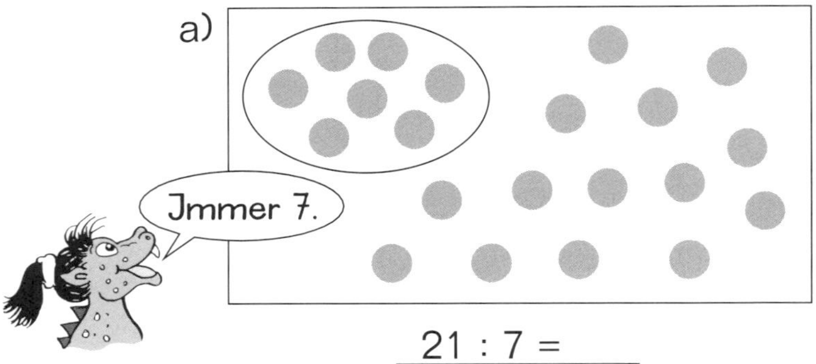

$21 : 7 =$ ____

b) 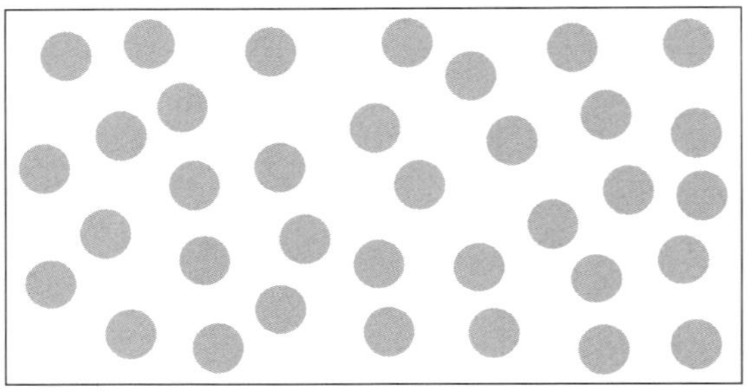

____

4

a) $14 : 7 =$ ____
$28 : 7 =$ ____
$70 : 7 =$ ____

b) $7 : 7 =$ ____
$56 : 7 =$ ____
$42 : 7 =$ ____

c) $49 : 7 =$ ____
$63 : 7 =$ ____
$35 : 7 =$ ____

d) $56 : 7 =$ ____
$0 : 7 =$ ____
$21 : 7 =$ ____

5 Trage zu jedem Ergebnis den Buchstaben ein.

9 · 7	63	G
8 · 7		
4 · 7		
7 · 7		
0 · 7		

42 : 6		
35 : 7		
63 : 7		
21 : 7		
56 : 7		

6 · 7		
14 : 2		
5 · 7		
7 : 7		
3 · 7		

0	1	3	5	7	8	9	21	28	35	42	49	56	63
M	N	M	I	E	A	N	S	T	I	L	I	U	G

Addieren großer Zahlen ohne Zehnerüberschreitung

1 a)

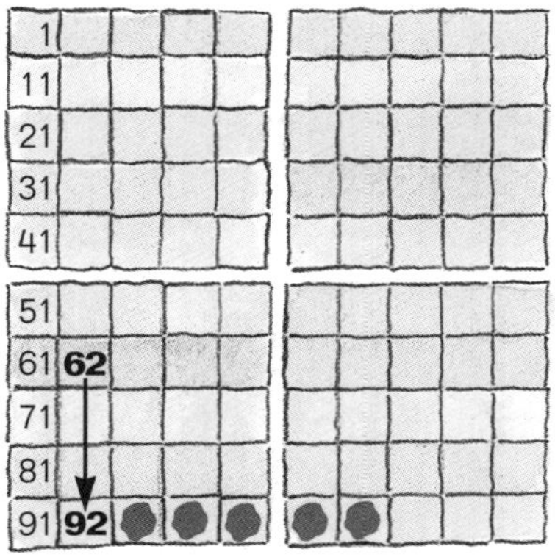

62 —(+35)→ ____
62 → ____ → ____ → ____

b)

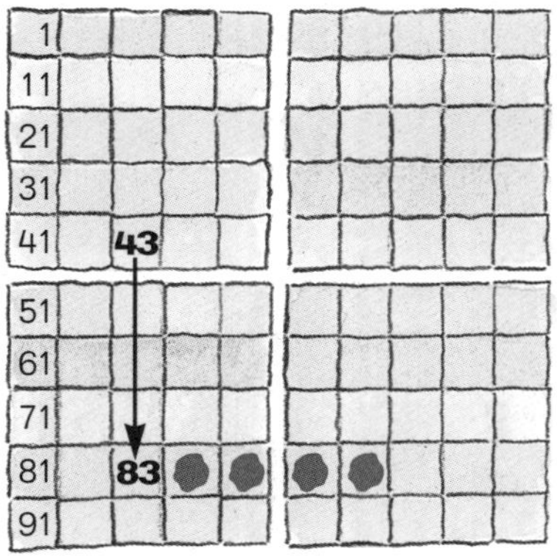

43 —(+44)→ ____
43 → ____ → ____ → ____

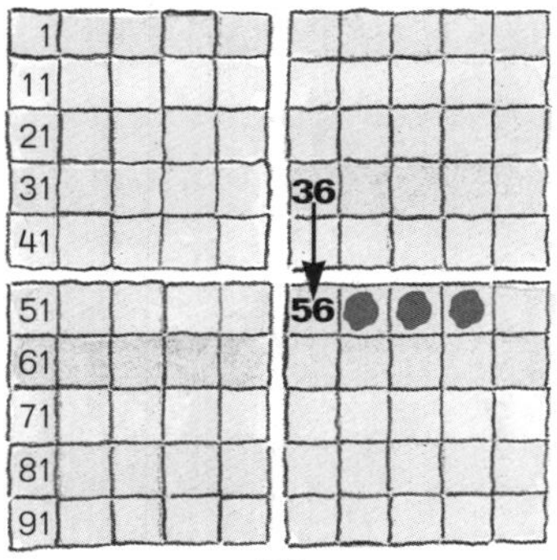

36 —(+23)→ 59
36 —(+20)→ 56 —(+3)→ 59

2 a) 52 —(+36)→ ____
52 → ____ → ____ → ____

b) 44 —(+32)→ ____
44 → ____ → ____ → ____

c) 82 —(+17)→ ____
82 → ____ → ____ → ____

3 Addiere schrittweise.

a) 23 + 15 = ____
23 + 10 = ____
____ + 5 = ____

b) 34 + 24 = ____
____ + ____ = ____
____ + ____ = ____

c) 63 + 35 = ____
____ + ____ = ____
____ + ____ = ____

4 a) 25 + 13 = ____
42 + 13 = ____

erst 10
dann 3

b) 34 + 42 = ____ (erst ____ dann ____)
51 + 38 = ____ (erst ____ dann ____)

5 a) 35 + 24 = ____
55 + 24 = ____

b) 43 + 36 = ____
63 + 36 = ____

c) 24 + 52 = ____
44 + 52 = ____

6 a)

+	13	24	55
32			
42			

b)

+	25	42	34
14			
53			

c)

+	46	14	37
31			
52			

Mit Plus über den Zehner

1 a)

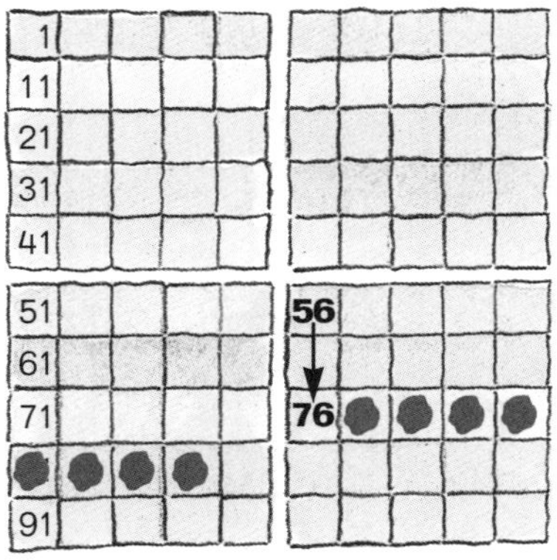

56 —(+28)→ ____

____ ↘ ____ ↗ ____

b)

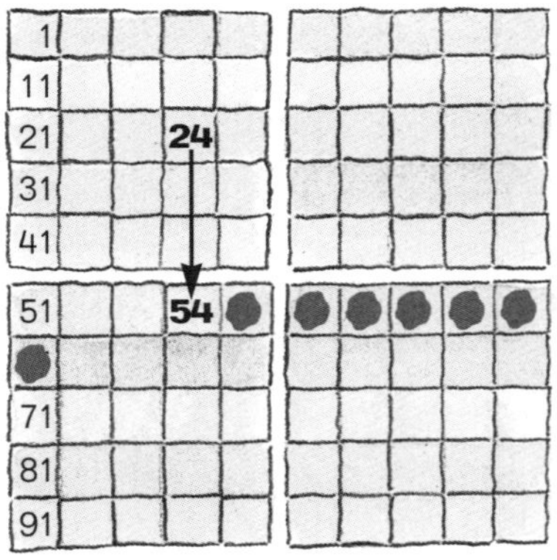

24 —(+37)→ ____

____ ↘ ____ ↗ ____

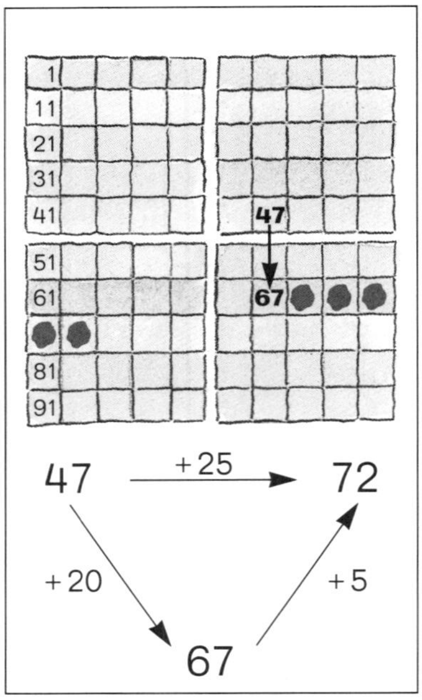

2 a) 27 —(+15)→ ____

____ ↘ ____ ↗ ____

b) 65 —(+28)→ ____

____ ↘ ____ ↗ ____

c) 36 —(+48)→ ____

____ ↘ ____ ↗ ____

3 Addiere schrittweise.

a) 48 + 27 = ____
48 + 20 = ____
____ + 7 = ____

b) 35 + 49 = ____
____ + ____ = ____
____ + ____ = ____

c) 78 + 14 = ____
____ + ____ = ____
____ + ____ = ____

4 a) 46 + 17 = ____
58 + 17 = ____

b) 53 + 18 = ____ (erst ____ dann ____)
38 + 57 = ____ (erst ____ dann ____)

5 a) 28 + 13 = ____
57 + 27 = ____

b) 47 + 23 = ____
66 + 17 = ____

c) 18 + 74 = ____
22 + 38 = ____

6 a)

+ 18	
17	
37	
57	

b)

+ 36	
25	
34	
48	

c)

+ 44	
47	
26	
39	

d)

+ 55	
17	
25	
39	

Subtrahieren großer Zahlen ohne Zehnerüberschreitung

1 a)

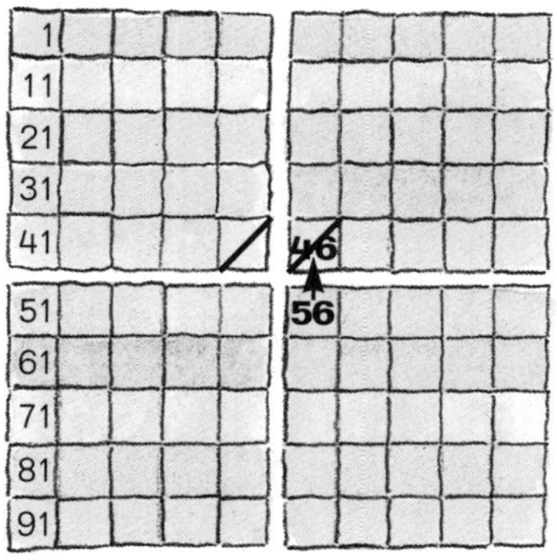

56 —(−12)→ ____
____ ____
____

b)

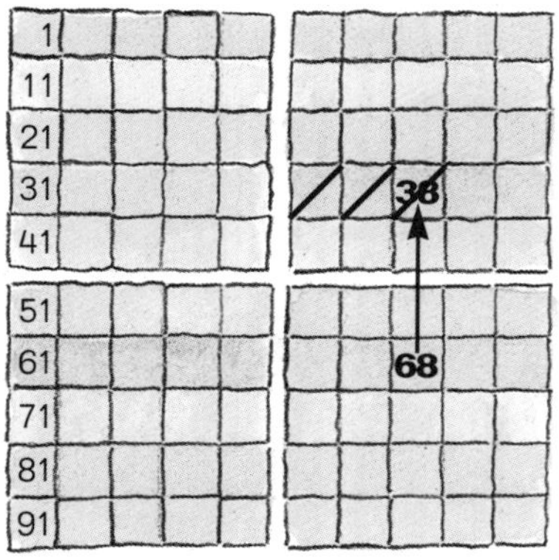

68 —(−33)→ ____
____ ____
____

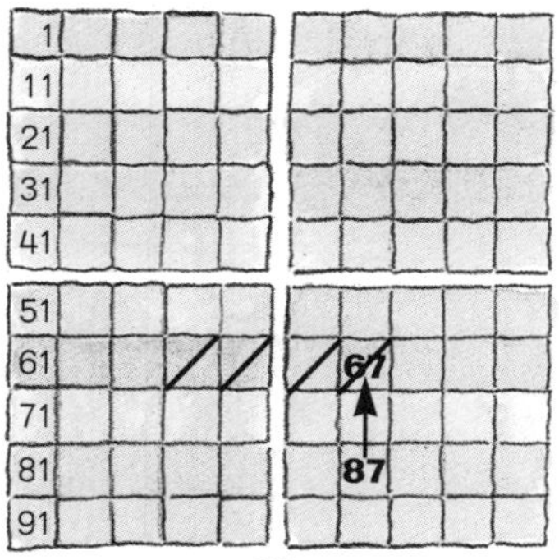

87 —(−24)→ 63
−20 −4
67

2 a) 46 —(−21)→ ____   ____ ____   ____

b) 99 —(−55)→ ____   ____ ____   ____

c) 74 —(−32)→ ____   ____ ____   ____

3 Subtrahiere schrittweise.

a) 78 − 15 = ____
78 − 10 = ____
____ − 5 = ____

b) 96 − 53 = ____
____ − ____ = ____
____ − ____ = ____

c) 44 − 23 = ____
____ − ____ = ____
____ − ____ = ____

4 a) 67 − 25 = ____
88 − 25 = ____
46 − 25 = ____

erst ____
dann ____

b) 77 − 34 = ____   erst ____ dann ____
58 − 42 = ____   erst ____ dann ____
99 − 26 = ____   erst ____ dann ____

5 a) 86 − 32 = ____
94 − 32 = ____

b) 55 − 22 = ____
78 − 22 = ____

c) 93 − 41 = ____
84 − 41 = ____

6 a)

−	12	31	44
56			
95			

b)

−	55	23	16
88			
79			

c)

−	33	41	52
67			
94			

Mit Minus über den Zehner

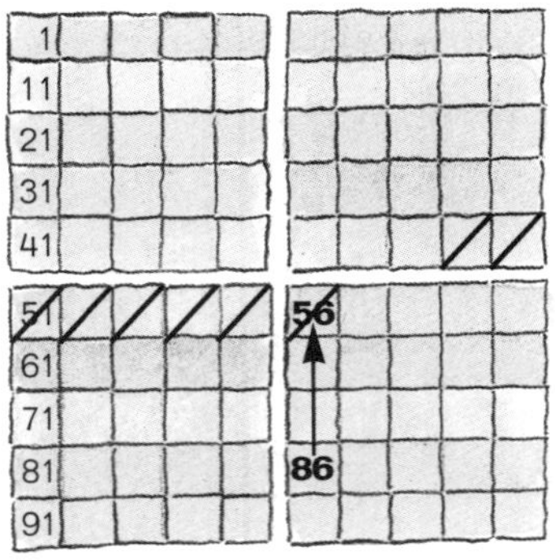

86 —(−38)→ 48
86 —(−30)→ 56 —(−8)→ 48

1 a)

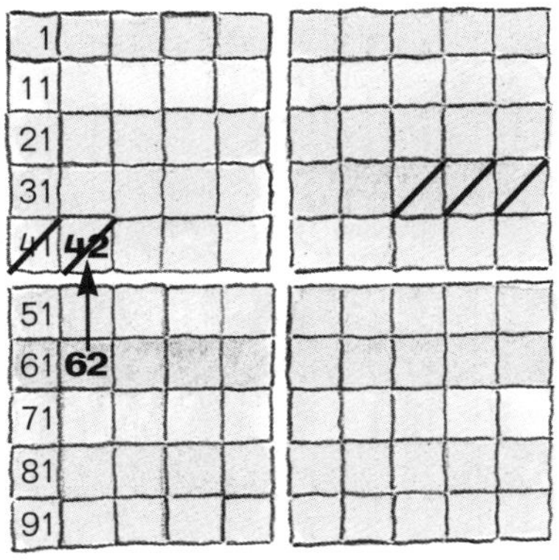

62 —(−25)→ ____
62 → ____ → ____ → ____

b)

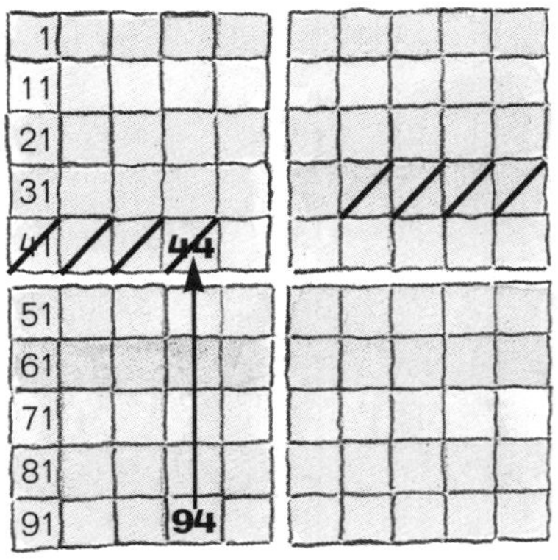

94 —(−58)→ ____
94 → ____ → ____ → ____

2 a) 73 —(−28)→ ____
73 → ____ → ____ → ____

b) 45 —(−17)→ ____
45 → ____ → ____ → ____

c) 51 —(−36)→ ____
51 → ____ → ____ → ____

3 Subtrahiere schrittweise.

a) 54 − 18 = ____
54 − 10 = ____
____ − 8 = ____

b) 73 − 26 = ____
____ − ____ = ____
____ − ____ = ____

c) 47 − 28 = ____
____ − ____ = ____
____ − ____ = ____

4 a) 64 − 17 = ____
82 − 17 = ____
45 − 17 = ____

b) 85 − 48 = ____ (erst ____ dann ____)
93 − 57 = ____ (erst ____ dann ____)
37 − 19 = ____ (erst ____ dann ____)

5 a) 51 − 26 = ____
67 − 47 = ____

b) 86 − 55 = ____
92 − 68 = ____

c) 74 − 37 = ____
41 − 18 = ____

6 a)

−18	
42	
64	
71	

b)

−26	
94	
73	
52	

c)

−45	
82	
64	
91	

d)

−37	
92	
73	
84	

Übungen

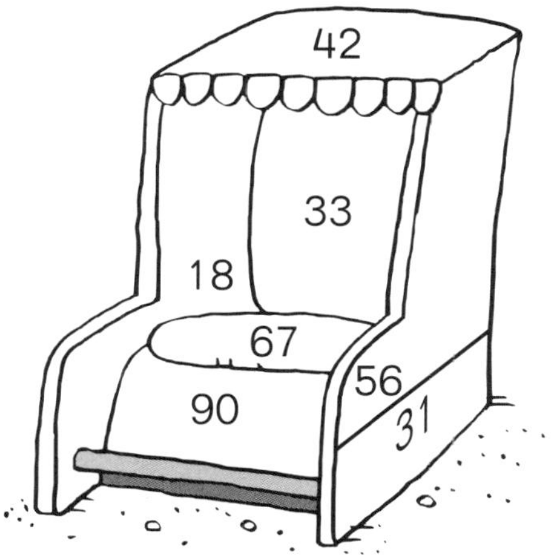

18 + 15 = ____ rot
34 + 22 = ____ gelb
56 + 34 = ____ blau
87 − 45 = ____ grün
48 − 17 = ____ rot
95 − 28 = ____ grün
74 − 56 = ____ blau

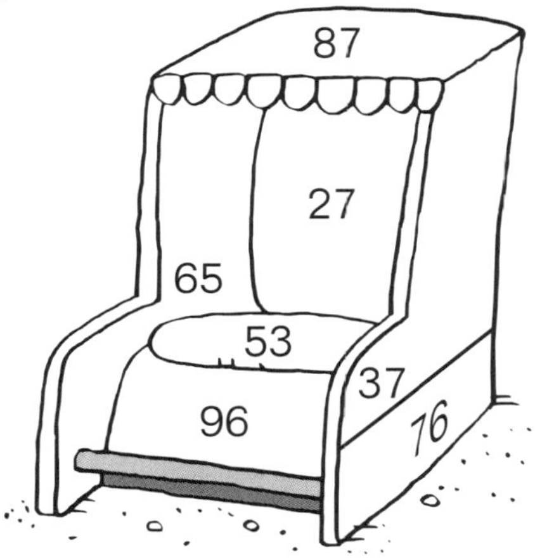

49 + 27 = ____ grün
34 + 53 = ____ rot
17 + 48 = ____ blau
77 + 19 = ____ gelb
84 − 31 = ____ rot
62 − 25 = ____ blau
51 − 24 = ____ gelb

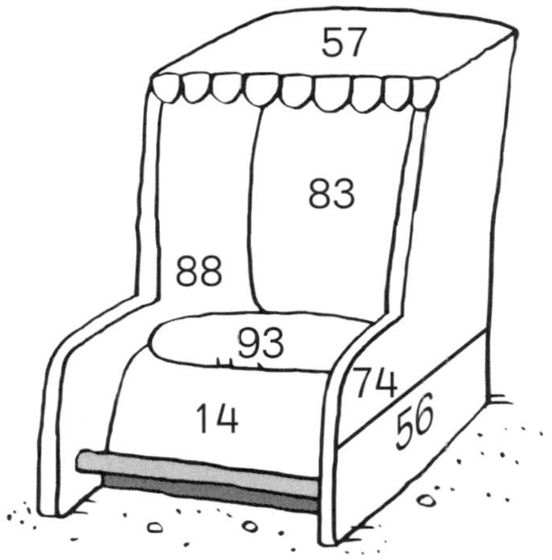

54 + 34 = ____ blau
37 + 37 = ____ gelb
68 + 25 = ____ grün
17 + 66 = ____ rot
47 − 33 = ____ blau
81 − 24 = ____ grün
94 − 38 = ____ rot

28 + 49 = ____ gelb
34 + 52 = ____ blau
57 + 28 = ____ rot
62 − 47 = ____ grün
58 − 25 = ____ rot
81 − 37 = ____ gelb
76 − 49 = ____ blau

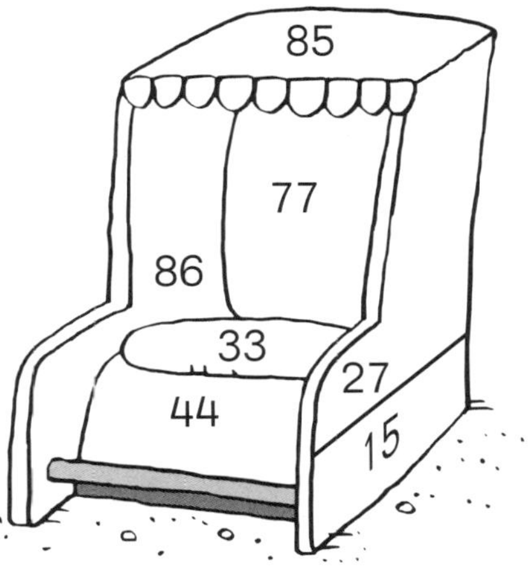

Übungen zu den vier Grundrechenarten

19 | +5 | ___ | +7 | ___ | +3 | ___ | −6 | ___ | −9 | ___

+	15	33	24	37
43				
62				

−	34	51	46	25
89				
76				

+	25	46	34	15
28				
47				

−	13	44	38	27
91				
62				

•	6	2	7
3			
5			

•	8	7	4
7			
9			

27 : 3 = ____
18 : 6 = ____
30 : 5 = ____

48 : 6 = ____
49 : 7 = ____
72 : 8 = ____

16 : 4 = ____
54 : 9 = ____
18 : 2 = ____

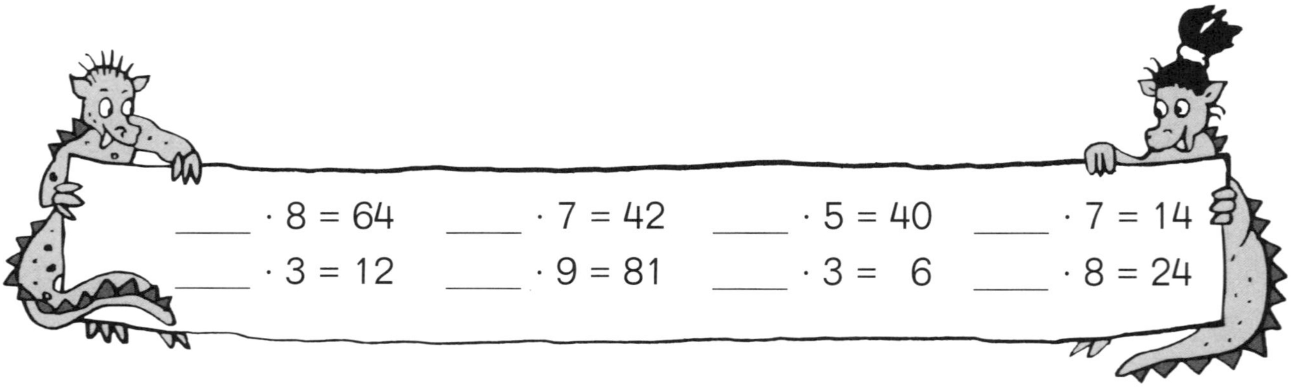

____ · 8 = 64 ____ · 7 = 42 ____ · 5 = 40 ____ · 7 = 14
____ · 3 = 12 ____ · 9 = 81 ____ · 3 = 6 ____ · 8 = 24

Längen

1 Miss Länge und Breite der Aufkleber.
Trage in die Tabelle ein.

	Länge →	↑ Breite
a		
b		
c		
d		
e		

a)
Melanie Hartmann
Klasse 2a

b)
photo Zilk
Farbbild-Service
GUTSCHEIN
für 1 Color-Negativ Filmentwicklung
im 1-Labortag-Service. Entwicklung im Filmpreis enthalten. Bei Abgabe auf Arbeitstasche kleben.

c)
2233

d)

e)
Feuerwehr 112
Polizei 110

2 Zeichne mit dem Lineal.

10 cm

5 cm

13 cm

3

Wie viele Zentimeter sind es? Miss und schreibe auf.

2 Kästchen = ____ cm   4 Kästchen = ____ cm   10 Kästchen = ____ cm

4 Wie viele Kästchen sind es?

3 cm = ____ Kästchen   5 cm = ____ Kästchen   7 cm = ____ Kästchen

5 Welche Längen haben die Ameisen zurückgelegt? Miss, dann addiere.

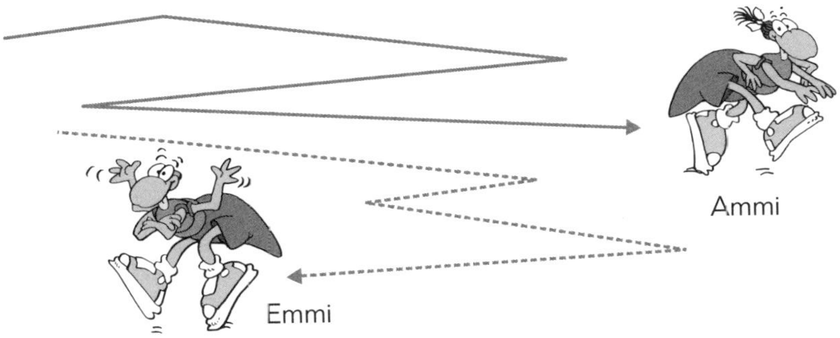

Ammi	Emmi
cm	cm
cm	cm
cm	cm
cm	cm
cm	cm

Geldbeträge legen und zeichnen

1

________ €

2

a)  ________ €

b)  ________ €

c)  ________ €

d)  ________ €

3

a) 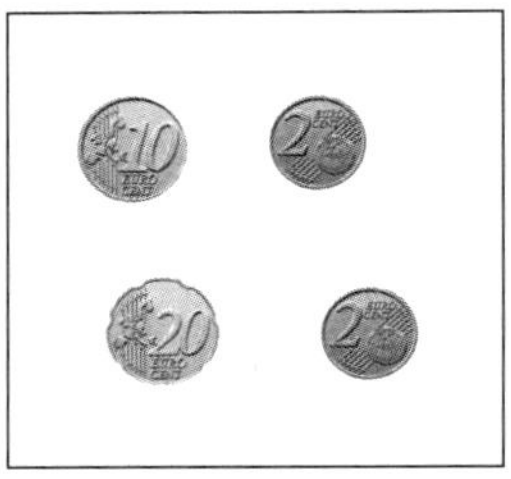 ________ Cent

b) 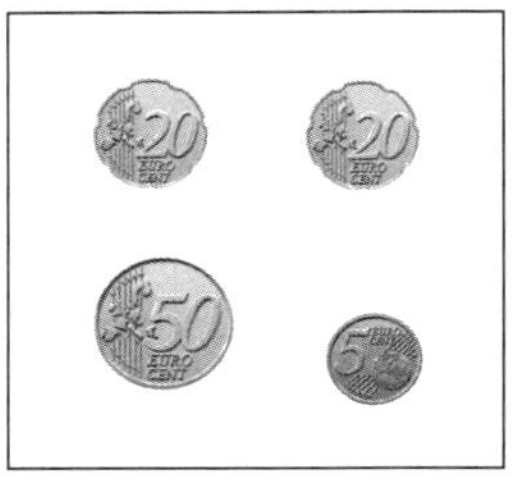 ________ Cent

c) 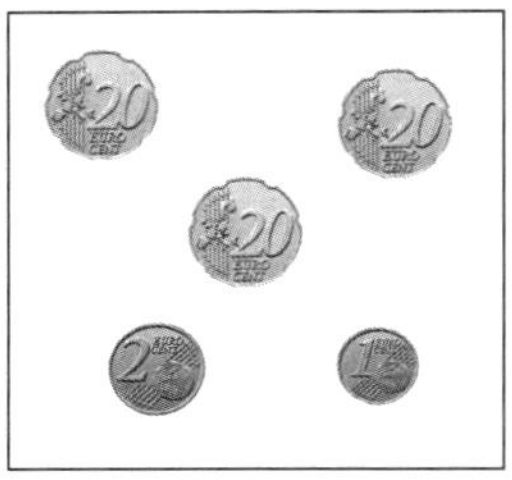 ________ Cent

d) 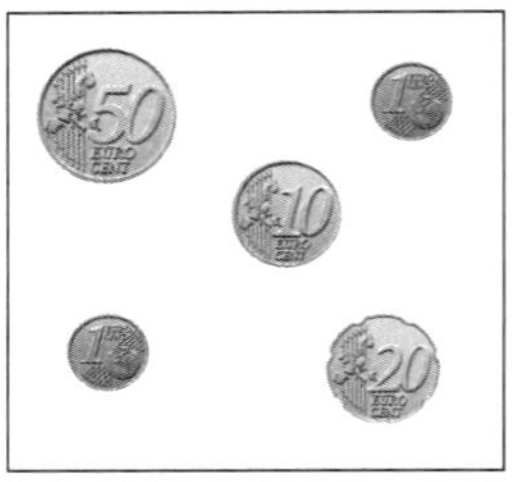 ________ Cent

4 Lege die Geldbeträge, dann trage ein.

a) 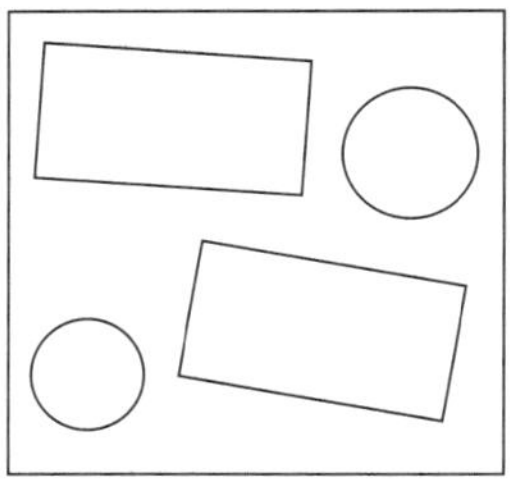 23 €

b)  50 €

c) 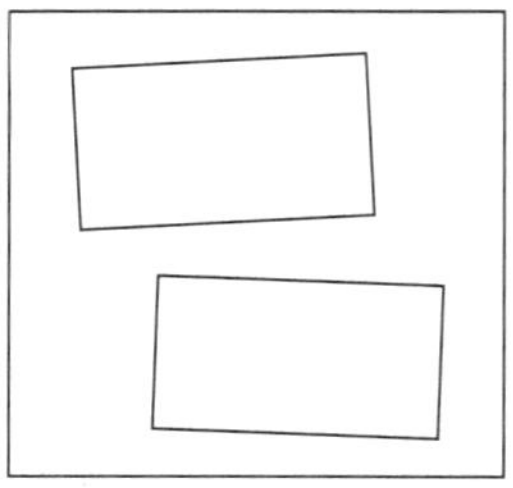 70 €

d) 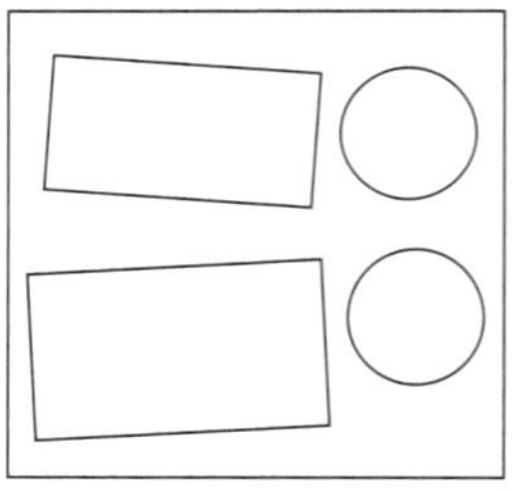 64 €

5

a)  61 €

b) 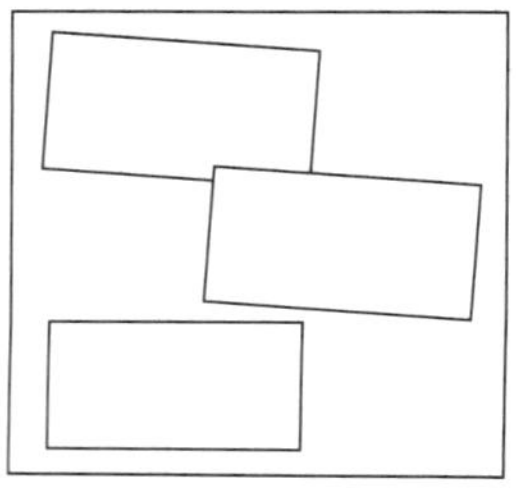 25 €

c) 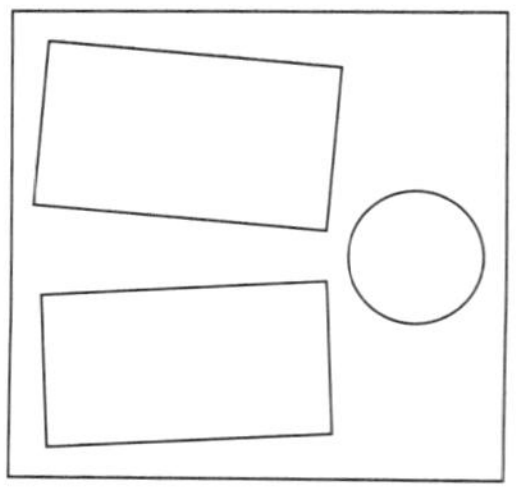 72 €

d) 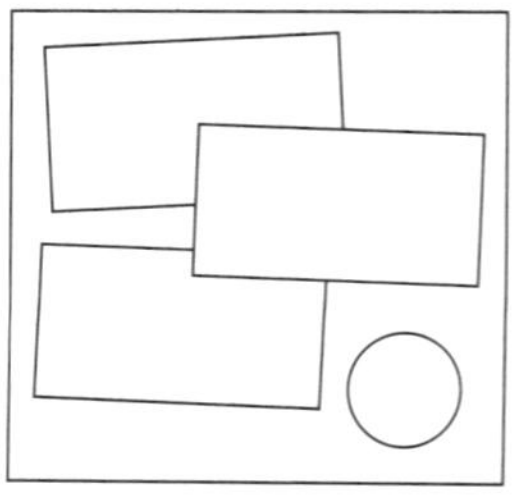 91 €

Zeit

1 Schreibe die Uhrzeiten auf.
Es gibt zwei Möglichkeiten.

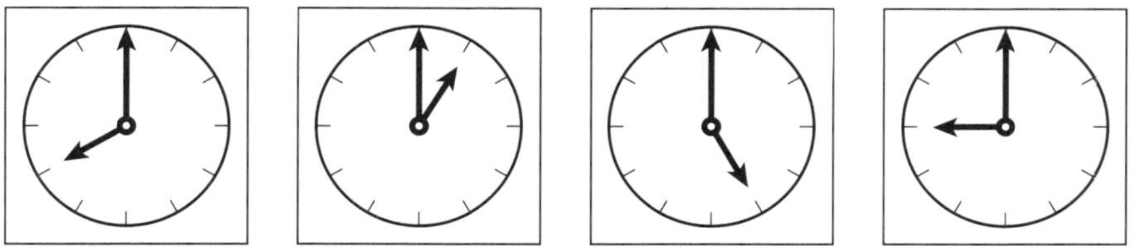

______ ______ ______ ______

______ ______ ______ ______

10 Uhr
22 Uhr

2 Zeichne die Zeiger ein.

7:00	12:00	23:00	20:15	7:45

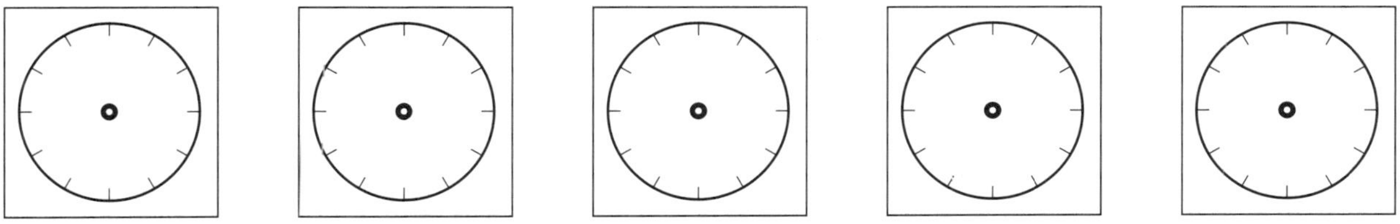

3 Zeichne die Zeiger ein. Dann schreibe die Uhrzeit anders auf.

10 vor 8	Halb 7	Viertel nach 9	Viertel vor 12	20 vor 6

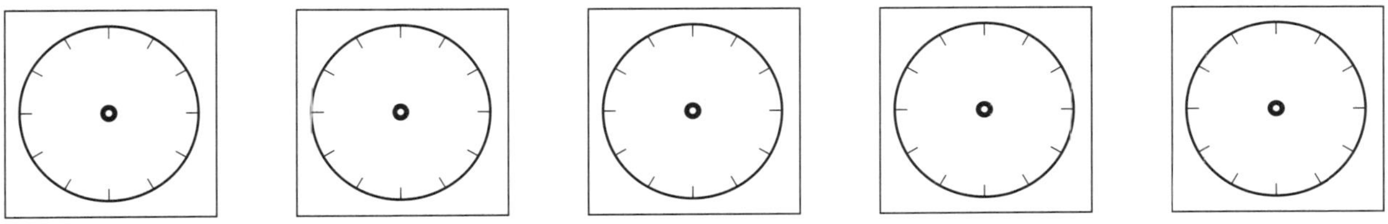

7.50 Uhr	______	______	______	______

4 Wie lange hat Spielwaren-Schmidt geöffnet?

Montag bis Freitag:
Am Vormittag ______ Stunden
Am Nachmittag ______ Stunden
Von Montag bis Freitag jeden Tag: ______ Stunden
Am Samstag: ______ Stunden
In einer Woche hat Spielwaren-Schmidt insgesamt ______ Stunden geöffnet.

Spielwaren-Schmidt
Öffnungszeiten
Montag – Freitag
9 – 12 Uhr
14 – 19 Uhr
Samstag
9 – 16 Uhr

Der Kalender

1 Welche Monate sind es?

Der Monat nach September. (7 Felder, Feld 2 = 1)

Der letzte Monat im Jahr. (8 Felder, Feld 1 = 6)

Der 11. Monat. (8 Felder, Feld 1 = 5)

Der kürzeste Monat. (7 Felder, Feld 2 = 4)

Der Monat fängt mit A an und hat 30 Tage. (5 Felder, Feld 5 = 3)

Der erste Monat im Jahr. (6 Felder, Feld 2 = 2)

Der Monat fängt mit S an. (9 Felder, Feld 2 = 7, Feld 9 = 8)

Trage die Buchstaben aus den nummerierten Feldern ein.

1	2	3	4	5	6	7	8

Damit kennst du dich gut aus.

	Januar	Februar	März	April	Mai	Juni
Mo	1 8 15 22 29	5 12 19 26	5 12 19 26	2 9 16 23 30	7 14 21 28	4 11 18 25
Di	2 9 16 23 30	6 13 20 27	6 13 20 27	3 10 17 24	1 8 15 22 29	5 12 19 26
Mi	3 10 17 24 31	7 14 21 28	7 14 21 28	4 11 18 25	2 9 16 23 30	6 13 20 27
Do	4 11 18 25	1 8 15 22	1 8 15 22 29	5 12 19 26	3 10 17 24 31	7 14 21 28
Fr	5 12 19 26	2 9 16 23	2 9 16 23 30	6 13 20 27	4 11 18 25	1 8 15 22 29
Sa	6 13 20 27	3 10 17 24	3 10 17 24 31	7 14 21 28	5 12 19 26	2 9 16 23 30
So	7 14 21 28	4 11 18 25	4 11 18 25	1 8 15 22 29	6 13 20 27	3 10 17 24

	Juli	August	September	Oktober	November	Dezember
Mo	2 9 16 23 30	6 13 20 27	3 10 17 24	1 8 15 22 29	5 12 19 26	3 10 17 24 31
Di	3 10 17 24 31	7 14 21 28	4 11 18 25	2 9 16 23 30	6 13 20 27	4 11 18 25
Mi	4 11 18 25	1 8 15 22 29	5 12 19 26	3 10 17 24 31	7 14 21 28	5 12 19 26
Do	5 12 19 26	2 9 16 23 30	6 13 20 27	4 11 18 25	1 8 15 22 29	6 13 20 27
Fr	6 13 20 27	3 10 17 24 31	7 14 21 28	5 12 19 26	2 9 16 23 30	7 14 21 28
Sa	7 14 21 28	4 11 18 25	1 8 15 22 29	6 13 20 27	3 10 17 24	1 8 15 22 29
So	1 8 15 22 29	5 12 19 26	2 9 16 23 30	7 14 21 28	4 11 18 25	2 9 16 23 30

2 a) Schreibe das Datum ausführlich oder in Kurzform.
b) Entnimm dem Kalender den Wochentag. Trage ein.

Kurzform	ausführlich	Wochentag
11. 11.		
	30. April	
27. 2.		
	31. Dezember	
17. 5.		
	3. Oktober	

Busfahrt zum Freizeitpark

1 In den Ferien fährt Nadja mit ihren Eltern in den Freizeitpark.
Wie teuer wird die Fahrt?

Rechnung: ______

Antwort: ______

2 Im Bus sind 9 Sitzreihen. In jeder Sitzreihe sind 4 Plätze.
Wie viele Fahrgäste können mitfahren?

Rechnung: ______

Antwort: ______

3 Es fahren 28 Fahrgäste mit, davon sind 19 Kinder.
Wie viele Erwachsene fahren mit zum Freizeitpark?

Rechnung: ______

Antwort: ______

4 a) Um wieviel Uhr kommt der Bus im Freizeitpark an?
Der Bus kommt um ______ Uhr im Freizeitpark an.

b) Wie viele Stunden dauert der Aufenthalt im Freizeitpark?
Der Aufenthalt im Freizeitpark dauert ______ Stunden.

5 Die Rückfahrt dauert 2 Stunden.
Um wieviel Uhr ist die Rückfahrt beendet?
Die Rückfahrt ist um ______ Uhr beendet.

Auf dem Jahrmarkt

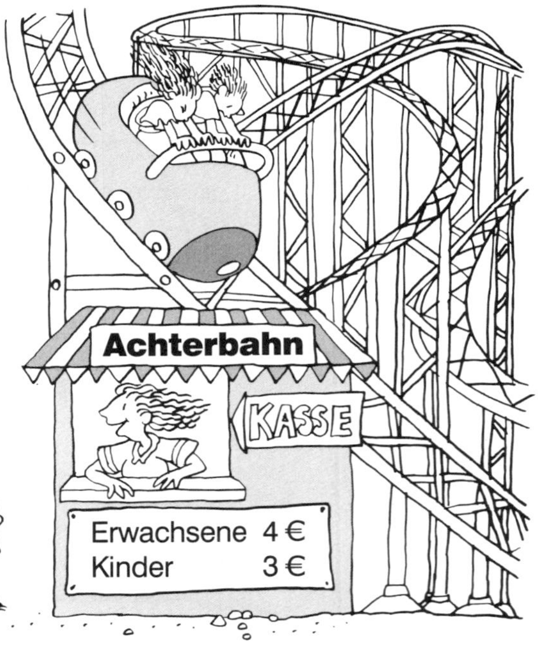

1 Wie teuer sind die Fahrten?

3 · 3 € = ____ € | ______ | ______ | ______

2

______ | ______ | ______ | ______

3 Für wie viele Fahrten reicht das Geld?

Riesenrad: ____ Fahrten	Riesenrad: ____ Fahrten	Riesenrad: ____ Fahrten
Achterbahn: ____ Fahrten	Achterbahn: ____ Fahrten	Achterbahn: ____ Fahrten

Im Baumarkt

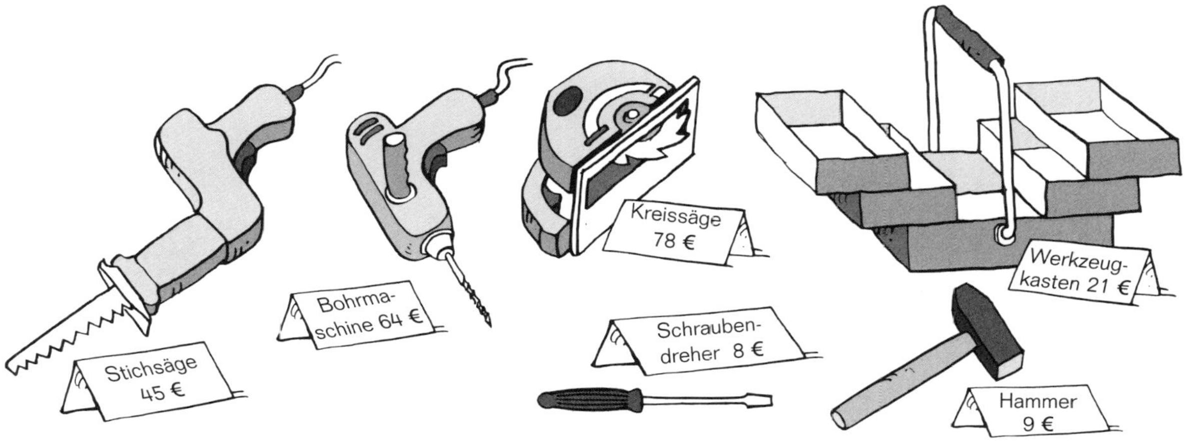

1 Wie viel Euro bezahlen die Kunden?

Herr Stahl

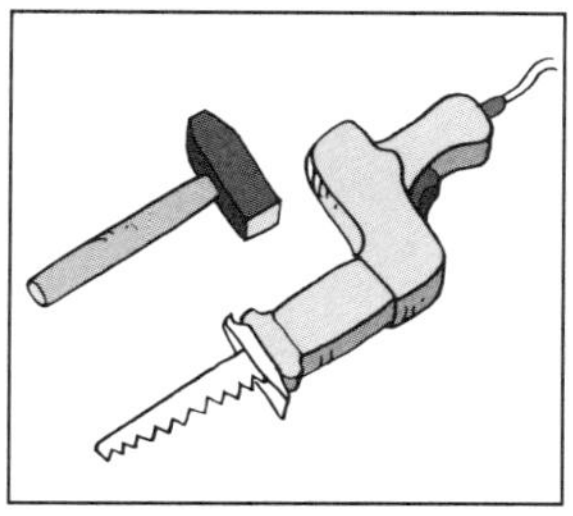

45 € + 9 € = ___ €

Frau Meister

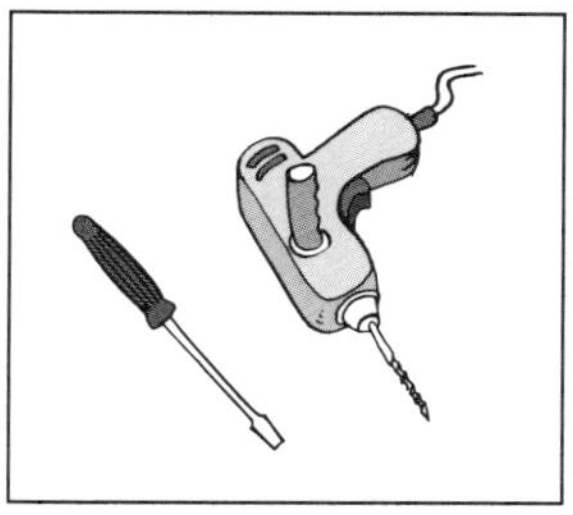

___

Frau Lück

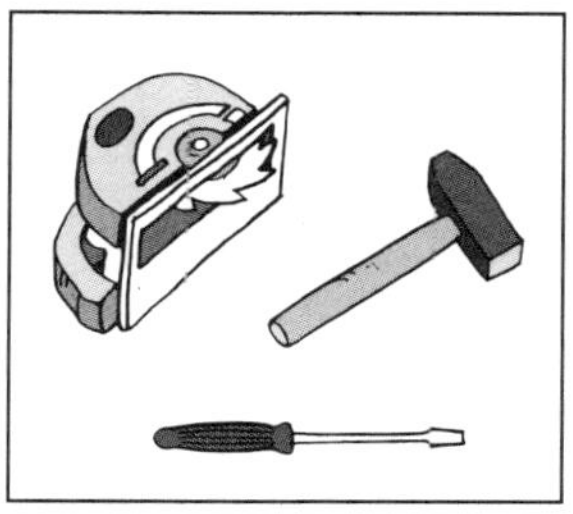

___

Herr Behrens

___

2 Wie viel Euro bekommen die Kunden zurück?

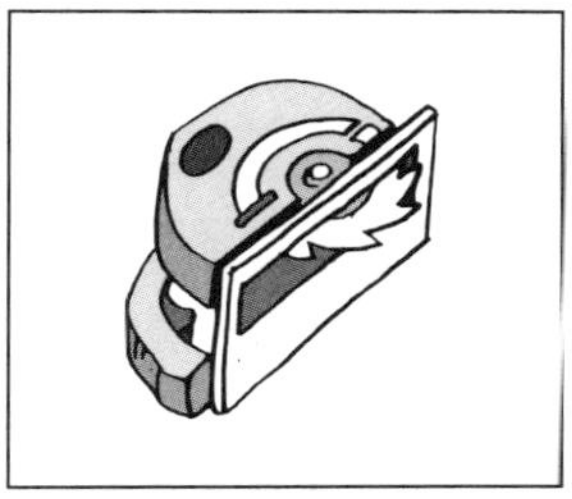

100 € − 78 € = ___ €

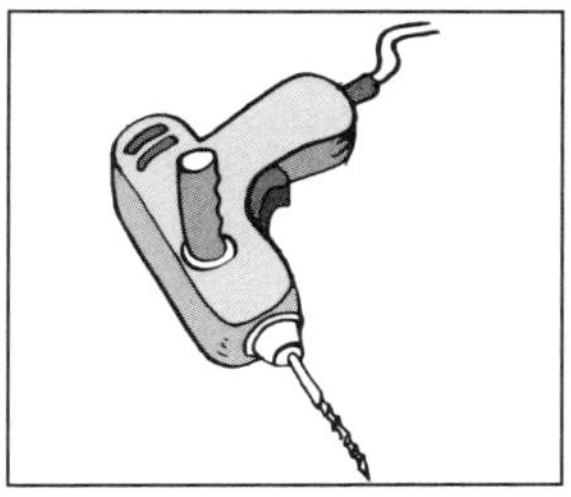

___

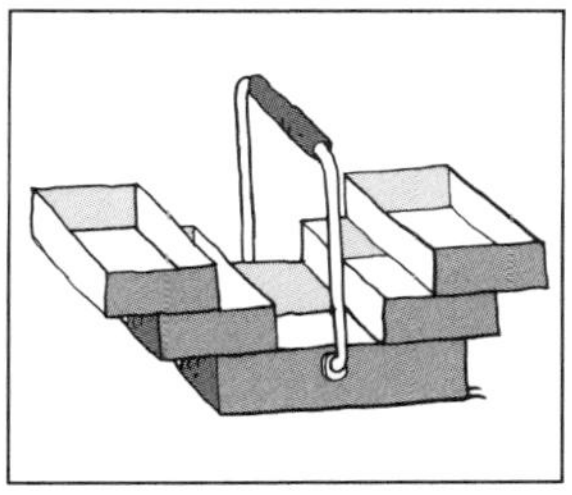

___

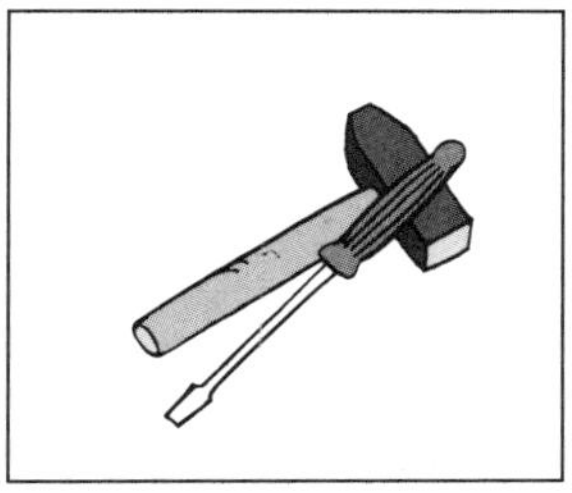

___

3

SONDERANGEBOTE

Pinsel nur **3 €**

Abdeckplane nur **5 €**

Sparlampen nur **7 €**

Betonplatte nur **4 €**

Trage die Preise in die Tabelle ein.

	Anzahl	Gesamtpreis
Pinsel	4	€
Abdeckplane	3	€
Sparlampe	6	€
Betonplatte	9	€

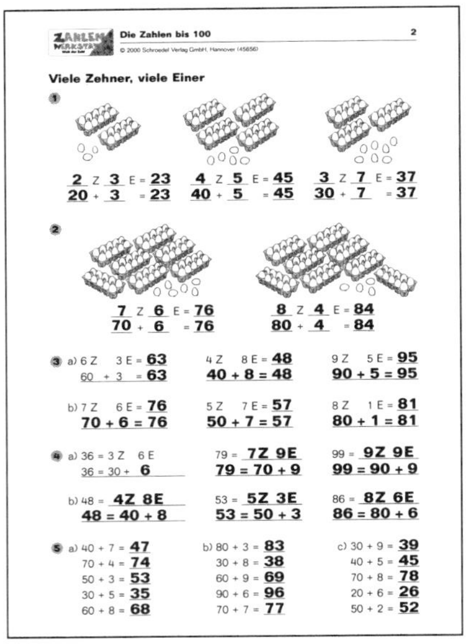
Die Zahlen bis 100 — 2

Viele Zehner, viele Einer

1. 2 Z 3 E = 23; 20 + 3 = 23 — 4 Z 5 E = 45; 40 + 5 = 45 — 3 Z 7 E = 37; 30 + 7 = 37
2. 7 Z 6 E = 76; 70 + 6 = 76 — 8 Z 4 E = 84; 80 + 4 = 84
3. a) 6 Z 3 E = 63; 60 + 3 = 63 — 4 Z 8 E = 48; 40 + 8 = 48 — 9 Z 5 E = 95; 90 + 5 = 95
   b) 7 Z 6 E = 76; 70 + 6 = 76 — 5 Z 7 E = 57; 50 + 7 = 57 — 8 Z 1 E = 81; 80 + 1 = 81
4. a) 36 = 3 Z 6 E; 36 = 30 + 6 — 79 = 7Z 9E; 79 = 70 + 9 — 99 = 9Z 9E; 99 = 90 + 9
   b) 48 = 4Z 8E; 48 = 40 + 8 — 53 = 5Z 3E; 53 = 50 + 3 — 86 = 8Z 6E; 86 = 80 + 6
5. a) 40 + 7 = 47; 70 + 4 = 74; 50 + 3 = 53; 30 + 5 = 35; 60 + 8 = 68
   b) 80 + 3 = 83; 30 + 8 = 38; 60 + 9 = 69; 90 + 6 = 96; 70 + 7 = 77
   c) 30 + 9 = 39; 40 + 5 = 45; 70 + 8 = 78; 20 + 6 = 26; 50 + 2 = 52

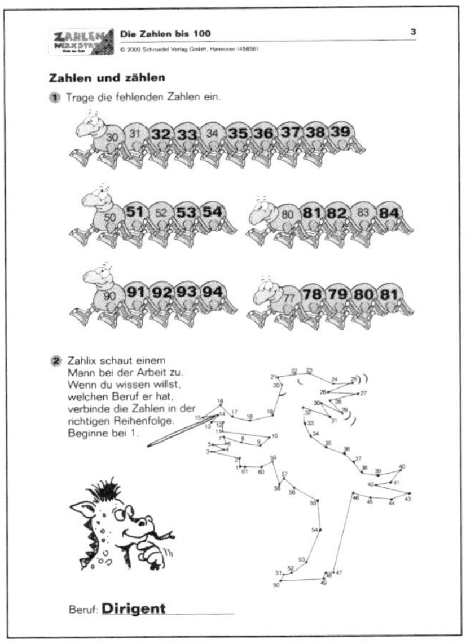
Die Zahlen bis 100 — 3

Zahlen und zählen

1. Trage die fehlenden Zahlen ein.
   30 31 32 33 34 35 36 37 38 39
   50 51 52 53 54 — 80 81 82 83 84
   90 91 92 93 94 — 77 78 79 80 81
2. Zahlix schaut einem Mann bei der Arbeit zu. Wenn du wissen willst, welchen Beruf er hat, verbinde die Zahlen in der richtigen Reihenfolge. Beginne bei 1.
   Beruf: **Dirigent**

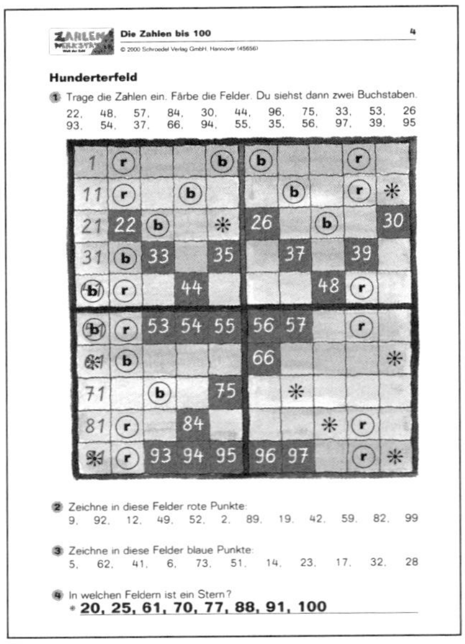
Die Zahlen bis 100 — 4

Hunderterfeld

1. Trage die Zahlen ein. Färbe die Felder. Du siehst dann zwei Buchstaben.
   22, 48, 57, 84, 30, 44, 96, 75, 33, 53, 26, 93, 54, 37, 66, 94, 55, 35, 56, 97, 39, 95
2. Zeichne in diese Felder rote Punkte: 9, 92, 12, 49, 52, 2, 89, 19, 42, 59, 82, 99
3. Zeichne in diese Felder blaue Punkte: 5, 62, 41, 6, 73, 51, 14, 23, 17, 32, 28
4. In welchen Feldern ist ein Stern?
   20, 25, 61, 70, 77, 88, 91, 100

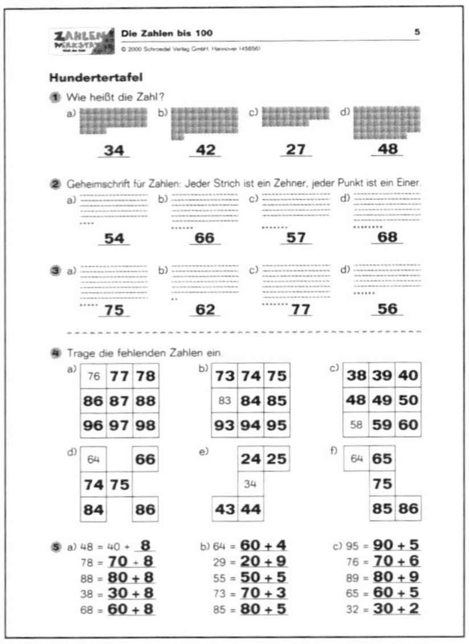
Die Zahlen bis 100 — 5

Hundertertafel

1. Wie heißt die Zahl? a) 34 b) 42 c) 27 d) 48
2. Geheimschrift für Zahlen: Jeder Strich ist ein Zehner, jeder Punkt ist ein Einer. a) 54 b) 66 c) 57 d) 68
3. a) 75 b) 62 c) 77 d) 56
4. Trage die fehlenden Zahlen ein.
   a) 76 77 78 / 86 87 88 / 96 97 98
   b) 73 74 75 / 83 84 85 / 93 94 95
   c) 38 39 40 / 48 49 50 / 58 59 60
   d) 64, 66 / 74 75 / 84, 86
   e) 24 25 / 34 / 43 44
   f) 64 65 / 75 / 85 86
5. a) 48 = 40 + 8; 78 = 70 + 8; 88 = 80 + 8; 38 = 30 + 8; 68 = 60 + 8
   b) 64 = 60 + 4; 29 = 20 + 9; 55 = 50 + 5; 73 = 70 + 3; 85 = 80 + 5
   c) 95 = 90 + 5; 76 = 70 + 6; 89 = 80 + 9; 65 = 60 + 5; 32 = 30 + 2

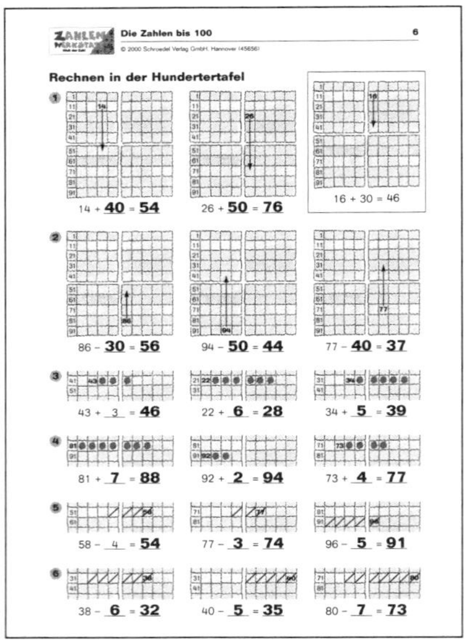
Die Zahlen bis 100 — 6

Rechnen in der Hundertertafel

1. 14 + 40 = 54 — 26 + 50 = 76 — 16 + 30 = 46
2. 86 − 30 = 56 — 94 − 50 = 44 — 77 − 40 = 37
3. 43 + 3 = 46 — 22 + 6 = 28 — 34 + 5 = 39
4. 81 + 7 = 88 — 92 + 2 = 94 — 73 + 4 = 77
5. 58 − 4 = 54 — 77 − 3 = 74 — 96 − 5 = 91
6. 38 − 6 = 32 — 40 − 5 = 35 — 80 − 7 = 73

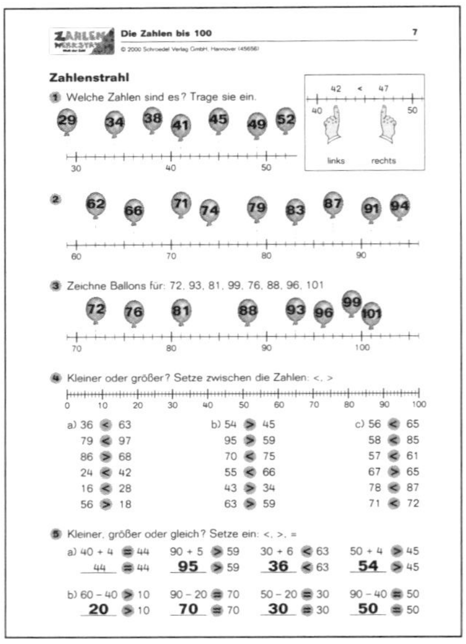
Die Zahlen bis 100 — 7

Zahlenstrahl

1. Welche Zahlen sind es? Trage sie ein. 29 34 38 41 45 49 52
2. 62 66 71 74 79 83 87 91 94
3. Zeichne Ballons für: 72, 93, 81, 99, 76, 88, 96, 101
4. Kleiner oder größer? Setze zwischen die Zahlen: <, >
   a) 36 < 63; 79 < 97; 86 > 68; 24 < 42; 16 < 28; 56 > 18
   b) 54 > 45; 95 > 59; 70 < 75; 55 < 66; 43 > 34; 63 > 59
   c) 56 < 65; 58 < 85; 57 < 61; 67 > 65; 78 < 87; 71 < 72
5. Kleiner, größer oder gleich? Setze ein: <, >, =
   a) 40 + 4 = 44; 90 + 5 > 59; 30 + 6 < 63; 50 + 4 > 45
   44 = 44; 95 > 59; 36 < 63; 54 > 45
   b) 60 − 40 > 10; 90 − 20 = 70; 50 − 20 = 30; 90 − 40 = 50
   20 > 10; 70 = 70; 30 = 30; 50 = 50

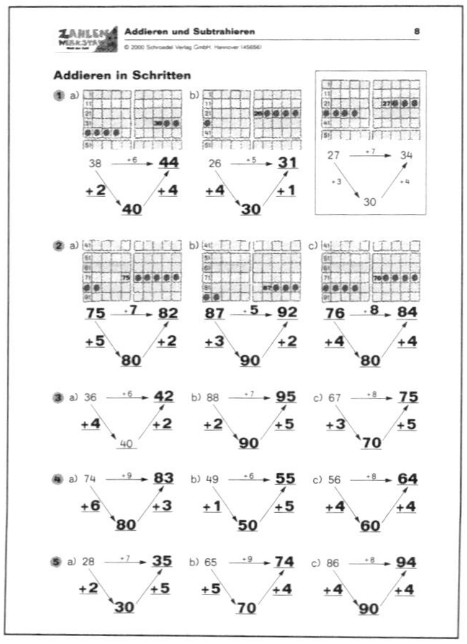
Addieren und Subtrahieren — 8

Addieren in Schritten

1. a) 38 +6 → 44; +2, 40, +4 — b) 26 +5 → 31; +4, 30, +1 — 27 +7 → 34; +3, 30, +4
2. a) 75 +7 → 82; +5, 80, +2 — b) 87 +5 → 92; +3, 90, +2 — c) 76 +8 → 84; +4, 80, +4
3. a) 36 +6 → 42; +4, 40, +2 — b) 88 +7 → 95; +2, 90, +5 — c) 67 +8 → 75; +3, 70, +5
4. a) 74 +9 → 83; +6, 80, +3 — b) 49 +6 → 55; +1, 50, +5 — c) 56 +8 → 64; +4, 60, +4
5. a) 28 +7 → 35; +2, 30, +5 — b) 65 +9 → 74; +5, 70, +4 — c) 86 +8 → 94; +4, 90, +4

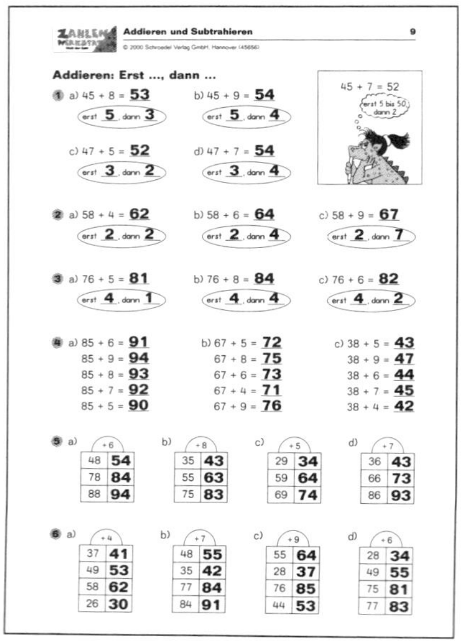
Addieren und Subtrahieren — 9

Addieren: Erst ..., dann ...

45 + 7 = 52 (erst 5 bis 50, dann 2)

1. a) 45 + 8 = 53 (erst 5 dann 3) — b) 45 + 9 = 54 (erst 5 dann 4) — c) 47 + 5 = 52 (erst 3 dann 2) — d) 47 + 7 = 54 (erst 3 dann 4)
2. a) 58 + 4 = 62 (erst 2 dann 2) — b) 58 + 6 = 64 (erst 2 dann 4) — c) 58 + 9 = 67 (erst 2 dann 7)
3. a) 76 + 5 = 81 (erst 4 dann 1) — b) 76 + 8 = 84 (erst 4 dann 4) — c) 76 + 6 = 82 (erst 4 dann 2)
4. a) 85 + 6 = 91; 85 + 9 = 94; 85 + 8 = 93; 85 + 7 = 92; 85 + 5 = 90
   b) 67 + 5 = 72; 67 + 8 = 75; 67 + 6 = 73; 67 + 4 = 71; 67 + 9 = 76
   c) 38 + 5 = 43; 38 + 9 = 47; 38 + 6 = 44; 38 + 7 = 45; 38 + 4 = 42
5. a) +6: 48 54; 78 84; 88 94 — b) +8: 35 43; 55 63; 75 83 — c) +5: 29 34; 59 64; 69 74 — d) +7: 36 43; 66 73; 86 93
6. a) +4: 37 41; 49 53; 58 62; 26 30 — b) +7: 48 55; 35 42; 77 84; 84 91 — c) +9: 55 64; 28 37; 76 85; 44 53 — d) +6: 28 34; 49 55; 75 81; 77 83

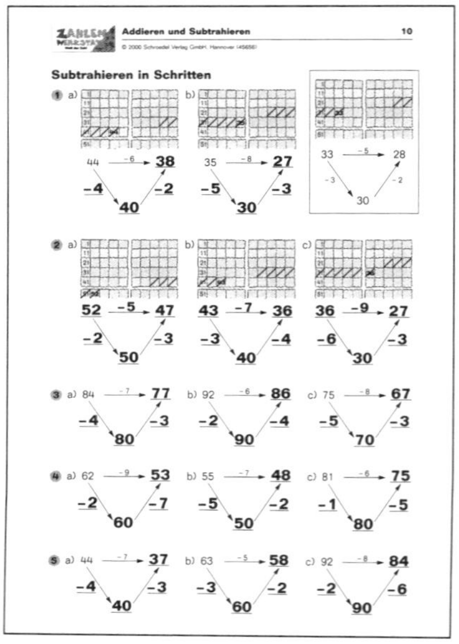
Addieren und Subtrahieren — 10

Subtrahieren in Schritten

1. a) 44 −6 → 38; −4, 40, −2 — b) 35 −8 → 27; −5, 30, −3 — 33 −5 → 28; −3, 30, −2
2. a) 52 −5 → 47; −2, 50, −3 — b) 43 −7 → 36; −3, 40, −4 — c) 36 −9 → 27; −6, 30, −3
3. a) 84 −7 → 77; −4, 80, −3 — b) 92 −6 → 86; −2, 90, −4 — c) 75 −8 → 67; −5, 70, −3
4. a) 62 −9 → 53; −2, 60, −7 — b) 55 −7 → 48; −5, 50, −2 — c) 81 −6 → 75; −1, 80, −5
5. a) 44 −7 → 37; −4, 40, −3 — b) 63 −5 → 58; −3, 60, −2 — c) 92 −8 → 84; −2, 90, −6

Addieren und Subtrahieren 11

© 2000 Schroedel Verlag GmbH, Hannover (45656)

Subtrahieren: Erst ..., dann ...

72 − 6 = 66
(erst 2 bis 70, dann 4)

1. a) 72 − 5 = **67** (erst **2**, dann **3**) b) 72 − 8 = **64** (erst **2**, dann **6**)
c) 74 − 6 = **68** (erst **4**, dann **2**) d) 74 − 7 = **67** (erst **4**, dann **3**)
2. a) 63 − 7 = **56** (erst **3**, dann **4**) b) 63 − 5 = **58** (erst **3**, dann **2**) c) 63 − 8 = **55** (erst **3**, dann **5**)
3. a) 55 − 6 = **49** (erst **5**, dann **1**) b) 55 − 9 = **46** (erst **5**, dann **4**) c) 55 − 7 = **48** (erst **5**, dann **2**)
4. a) 83 − 5 = **78**, 83 − 8 = **75**, 83 − 6 = **77**, 83 − 7 = **76**, 83 − 9 = **74**
b) 44 − 7 = **37**, 44 − 6 = **38**, 44 − 9 = **35**, 44 − 8 = **36**, 44 − 5 = **39**
c) 91 − 4 = **87**, 91 − 7 = **84**, 91 − 9 = **82**, 91 − 6 = **85**, 91 − 8 = **83**

5.

a) −5		b) −7		c) −9		d) −6	
43	**38**	55	**48**	47	**38**	64	**58**
63	**58**	85	**78**	97	**88**	84	**78**
93	**88**	25	**18**	37	**28**	44	**38**

6.

a) −4		b) −8		c) −6		d) −5	
31	**27**	44	**36**	53	**47**	64	**59**
52	**48**	66	**58**	91	**85**	92	**87**
83	**79**	33	**25**	74	**68**	51	**46**
62	**58**	55	**47**	82	**76**	73	**68**

Addieren und Subtrahieren 12

© 2000 Schroedel Verlag GmbH, Hannover (45656)

Kreuzzahlrätsel

1.

[A] 7	[B] 3	■	■	[C] 4	2	■	[D] 8	1	■
[E] 5	7	■	[F] 3	6	■	[G] 8	6	■	[H] 8
■	■	[I] 6	7	■	[K] 5	8	■	[L] 3	4
[M] 8	[N] 5	■	■	[O] 7	3	■	[P] 4	9	■
[Q] 5	0	■	[R] 6	0	■	[S] 7	7	■	[T] 9

Waagerecht →
A: 53 + 20 = **73** L: 42 − 8 = **34**
C: 37 + 5 = **42** O: 66 + 7 = **73**
D: 41 + 40 = **81** P: 55 − 6 = **49**
E: 61 − 4 = **57** Q: 90 − 40 = **50**
G: 92 − 6 = **86** R: 53 + 7 = **60**
I: 59 + 8 = **67** S: 83 − 6 = **77**
K: 88 − 30 = **58** T: 18 − 9 = **9**

Senkrecht ↓
A: 80 − 5 = **75**
C: 52 − 6 = **46** F: 44 − 7 = **37** K: 83 − 30 = **53** M: 92 − 7 = **85**
D: 78 + 8 = **86** H: 78 + 6 = **84** L: 45 − 6 = **39** N: 43 + 7 = **50**

Lösungswort:
- Suche die Zahl im fertigen Rätsel.
- Setze für die Zahl den Buchstaben ein, der am Anfang der Zahl steht.

85	75	9	84	57	49	60	70	36	67
M	**A**	**T**	**H**	**E**	**P**	**R**	**O**	**F**	**I**

2.

■	[A] 3	4	■	[B] 5	[C] 2	■	[D] 6	■	[E] 5
[F] 6	9	■	[G] 6	■	[H] 9	[I] 4	■	[K] 2	7
5	■	[L] 8	6	■	■	4	■	5	■
■	[M] 6	2	■	[N] 9	0	■	[O] 3	■	[P] 8
[Q] 6	0	■	[R] 3	5	■	[S] 7	6	■	8

Waagerecht →
A: 64 − 30 = **34** L: 91 − 5 = **86**
B: 48 + 4 = **52** M: 55 + 7 = **62**
D: 12 − 6 = **6** N: 86 + 4 = **90**
F: 73 − 4 = **69** Q: 90 − 30 = **60**
H: 88 + 6 = **94** R: 43 − 8 = **35**
K: 32 − 5 = **27** S: 69 + 7 = **76**

Senkrecht ↓
A: 42 − 3 = **39**
E: 63 − 6 = **57** G: 71 − 5 = **66** K: 33 − 8 = **25** O: 96 − 60 = **36**
F: 58 + 7 = **65** I: 37 + 7 = **44** N: 100 − 5 = **95** P: 38 + 50 = **88**

Lösungswort:
- Suche die Zahl im fertigen Rätsel.
- Setze für die Zahl den Buchstaben ein, der am Anfang der Zahl steht.

35	57	29	94	57	90	34	76	76
R	**E**	**C**	**H**	**E**	**N**	**A**	**S**	**S**

Grundlagen für das Einmaleins 13

© 2000 Schroedel Verlag GmbH, Hannover (45656)

Mal-Bilder

Schreibe Plus-Aufgabe und Mal-Aufgabe.

3 + 3 + 3 + 3 = 12
4 · 3 = 12
4 mal 3 gleich 12

1. **2+2+2+2=8**, **4·2=8** | **4+4+4=12**, **3·4=12**
2. **5+5+5+5=20**, **4·5=20** | **5+5+5=15**, **3·5=15** | **5+5+5+5+5=25**, **5·5=25**
3. **7+7+7=21**, **3·7=21** | **7+7+7+7+7=35**, **5·7=35** | **7+7+7+7=28**, **4·7=28**
4. **4+4+4+4=16**, **4·4=16** | **8+8=16**, **2·8=16** | **6+6+6=18**, **3·6=18**

Grundlagen für das Einmaleins 14

© 2000 Schroedel Verlag GmbH, Hannover (45656)

Mal-Aufgaben und Tauschaufgaben

Schreibe immer zwei Mal-Aufgaben.

5 · 3 = 15
3 · 5 = 15

1. a) **5·4=20**, **4·5=20** b) **3·4=12**, **4·3=12**
2. a) **5·6=30**, **6·5=30** b) **3·6=18**, **6·3=18**
3. a) **4·6=24**, **6·4=24** b) **3·7=21**, **7·3=21** c) **4·8=32**, **8·4=32**
4. a) **5·9=45**, **9·5=45** b) **5·8=40**, **8·5=40**
5. a) **5·7=35**, **7·5=35** b) **4·9=36**, **9·4=36**

Grundlagen für das Einmaleins 15

© 2000 Schroedel Verlag GmbH, Hannover (45656)

Durch-Aufgaben

Immer 4 Äpfel in ein Netz.
12 : 4 = 3
Es sind 3 Netze.

1. Immer 4 Äpfel in ein Netz.
20 : 4 = **5**
Es sind **5** Netze.
2. Immer 6 Orangen in ein Netz.
a) **12:6=2** Es sind **2** Netze. b) **18:6=3** Es sind **3** Netze.
3. Immer 3 Brötchen in eine Tüte.
a) **12:3=4** Es sind **4** Tüten. b) **18:3=6** Es sind **6** Tüten.
4. Immer 5 Plättchen für einen Turm.
a) **25:5=5** Es sind **5** Türme. b) **35:5=7** Es sind **7** Türme.

Das Einmaleins 16

© 2000 Schroedel Verlag GmbH, Hannover (45656)

Einmaleins mit 2

2 + 2 + 2 + 2 = 8
4 · 2 = 8

1. a) **2+2+2+2+2=10**, **5·2=10** b) **2+2+2+2+2+2=12**, **6·2=12**
2. a) **2+2+2+2+2+2+2+2=16**, **8·2=16** b) **2+2+2+2+2+2+2+2+2+2=20**, **10·2=20**
3. Trage die Zahlen der Zweier-Reihe ein.
2 **4** **6** **8** **10** **12** **14** **16** **18** **20**
0 10 20
4. a) 2 · 2 = **4**, 3 · 2 = **6** b) 5 · 2 = **10**, 6 · 2 = **12** c) 10 · 2 = **20**, 9 · 2 = **18** d) 5 · 2 = **10**, 4 · 2 = **8**
5. a) **5** · 2 = 10, **10** · 2 = 20, **2** · 2 = 4 b) **4** · 2 = 8, **8** · 2 = 16, **7** · 2 = 14 c) **3** · 2 = 6, **6** · 2 = 12, **9** · 2 = 18
6. a) 10 : 2 = **5**, 14 : 2 = **7** b) 20 : 2 = **10**, 2 : 2 = **1** c) 4 : 2 = **2**, 16 : 2 = **8**
7. a) 12 : 2 = **6**, 20 : 2 = **10** b) 6 : 2 = **3**, 8 : 2 = **4** c) 14 : 2 = **7**, 18 : 2 = **9**
8. Kreise die Zahlen der Zweier-Reihe ein.
(16) 7 (12) 15 (18) 9 (6) (14)

Einmaleins mit 2
1 · 2 = **2**
2 · 2 = **4**
3 · 2 = **6**
4 · 2 = **8**
5 · 2 = **10**
6 · 2 = **12**
7 · 2 = **14**
8 · 2 = **16**
9 · 2 = **18**
10 · 2 = **20**

Das Einmaleins 17

© 2000 Schroedel Verlag GmbH, Hannover (45656)

Einmaleins mit 10

10 + 10 + 10 = 30
3 · 10 = 30

1. **10+10+10+10=40**, **4·10=40**
2. a) **10+10+10+10+10+10+10=70**, **7·10=70** b) **10+10+10+10+10+10=60**, **6·10=60**
3. Schreibe Mal-Aufgabe und Tauschaufgabe.
a) **6·10=60**, **10·6=60** b) **5·10=50**, **10·5=50** c) **7·10=70**, **10·7=70**
4. a) 3 · 10 = **30**, 7 · 10 = **70**, 0 · 10 = **0** b) 5 · 10 = **50**, 9 · 10 = **90**, 6 · 10 = **60** c) 2 · 10 = **20**, 4 · 10 = **40**, 8 · 10 = **80**
5. a) **5** · 10 = 50, **9** · 10 = 90, **2** · 10 = 20 b) **3** · 10 = 30, **6** · 10 = 60, **8** · 10 = 80 c) **7** · 10 = 70, **4** · 10 = 40, **1** · 10 = 10
6. a) 70 : 10 = **7**, 20 : 10 = **2**, 60 : 10 = **6** b) 30 : 10 = **3**, 80 : 10 = **8**, 100 : 10 = **10** c) 50 : 10 = **5**, 10 : 10 = **1**, 40 : 10 = **4**

Einmaleins mit 10
1 · 10 = **10**
2 · 10 = **20**
3 · 10 = **30**
4 · 10 = **40**
5 · 10 = **50**
6 · 10 = **60**
7 · 10 = **70**
8 · 10 = **80**
9 · 10 = **90**
10 · 10 = **100**

Das Einmaleins 18

© 2000 Schroedel Verlag GmbH, Hannover (45656)

Einmaleins mit 5

5 + 5 + 5 + 5 = 20
4 · 5 = 20

1. a) **5+5+5+5+5+5=30**, **6·5=30** b) **5+5+5=15**, **3·5=15**
2. a) **5+5+5+5+5+5+5=35**, **7·5=35** b) **5+5+5+5+5=25**, **5·5=25** c) **5+5=10**, **2·5=10**
3. Trage die Zahlen der Fünfer-Reihe ein.
5 **10** **15** **20** **25** **30** **35** **40** **45** **50**
0 10 20 30 40 50
4. a) 2 · 5 = **10**, 3 · 5 = **15** b) 5 · 5 = **25**, 6 · 5 = **30** c) 10 · 5 = **50**, 9 · 5 = **45** d) 5 · 5 = **25**, 4 · 5 = **20**
5. a) **4** · 5 = 20, **2** · 5 = 10 b) **6** · 5 = 30, **3** · 5 = 15 c) **10** · 5 = 50, **5** · 5 = 25
6. a) 30 : 5 = **6**, 20 : 5 = **4**, 10 : 5 = **2** b) 50 : 5 = **10**, 5 : 5 = **1**, 25 : 5 = **5** c) 15 : 5 = **3**, 35 : 5 = **7**, 45 : 5 = **9**
7. a) 30 : 10 = **3**, 30 : 5 = **6** b) 40 : 10 = **4**, 40 : 5 = **8** c) 50 : 10 = **5**, 50 : 5 = **10**
8. Kreise die Zahlen der Fünfer-Reihe ein.
(15) 18 (35) (40) 27 (30) (50)

Einmaleins mit 5
1 · 5 = **5**
2 · 5 = **10**
3 · 5 = **15**
4 · 5 = **20**
5 · 5 = **25**
6 · 5 = **30**
7 · 5 = **35**
8 · 5 = **40**
9 · 5 = **45**
10 · 5 = **50**

Das Einmaleins 19

© 2000 Schroedel Verlag GmbH, Hannover (45656)

Einmaleins mit 4

4 + 4 + 4 = 12
3 · 4 = 12

1. a) **4+4+4+4=16**, **4·4=16** b) **4+4+4+4+4=20**, **5·4=20**
2. a) **4+4+4+4+4+4=24**, **6·4=24** b) **4+4+4+4+4+4+4=28**, **7·4=28**
3. Trage die Zahlen der Vierer-Reihe ein.
4 **8** **12** **16** **20** **24** **28** **32** **36** **40**
0 10 20 30 40
4. a) 2 · 4 = **8**, 3 · 4 = **12** b) 5 · 4 = **20**, 4 · 4 = **16** c) 10 · 4 = **40**, 9 · 4 = **36** d) 5 · 4 = **20**, 6 · 4 = **24**
5. a) 3 · 4 = **12**, 6 · 4 = **24** b) 5 · 4 = **20**, 10 · 4 = **40** c) 4 · 4 = **16**, 8 · 4 = **32**
6. a) 6 · 4 = **24**, 8 · 4 = **32** b) 0 · 4 = **0**, 5 · 4 = **20** c) 1 · 4 = **4**, 7 · 4 = **28**
7. a) 10 · 4 = **40**, 1 · 4 = **4** b) 4 · 4 = **16**, 3 · 4 = **12** c) 2 · 4 = **8**, 9 · 4 = **36**
8. a) **4** · 4 = 16, **2** · 4 = 8 b) **6** · 4 = 24, **3** · 4 = 12 c) **10** · 4 = 40, **5** · 4 = 20

Einmaleins mit 4
1 · 4 = **4**
2 · 4 = **8**
3 · 4 = **12**
4 · 4 = **16**
5 · 4 = **20**
6 · 4 = **24**
7 · 4 = **28**
8 · 4 = **32**
9 · 4 = **36**
10 · 4 = **40**

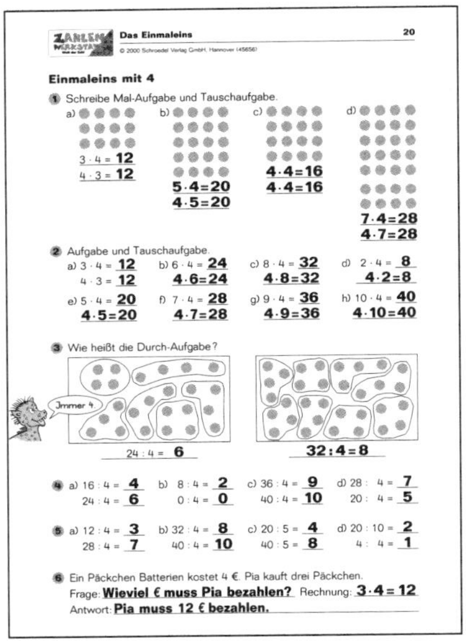
Das Einmaleins 20

Einmaleins mit 4

1 Schreibe Mal-Aufgabe und Tauschaufgabe.
a) 3 · 4 = 12, 4 · 3 = 12 b) 5·4=20, 4·5=20 c) 4·4=16, 4·4=16 d) 7·4=28, 4·7=28

2 Aufgabe und Tauschaufgabe.
a) 3 · 4 = 12, 4 · 3 = 12 b) 6 · 4 = 24, 4·6=24 c) 8 · 4 = 32, 4·8=32 d) 2 · 4 = 8, 4·2=8
e) 5 · 4 = 20, 4·5=20 f) 7 · 4 = 28, 4·7=28 g) 9 · 4 = 36, 4·9=36 h) 10 · 4 = 40, 4·10=40

3 Wie heißt die Durch-Aufgabe?
Immer 4
24 : 4 = 6 32:4=8

4 a) 16 : 4 = 4, 24 : 4 = 6 b) 8 : 4 = 2, 0 : 4 = 0 c) 36 : 4 = 9, 40 : 4 = 10 d) 28 : 4 = 7, 20 : 4 = 5

5 a) 12 : 4 = 3, 28 : 4 = 7 b) 32 : 4 = 8, 40 : 4 = 10 c) 20 : 5 = 4, 40 : 5 = 8 d) 20 : 10 = 2, 4 : 4 = 1

6 Ein Päckchen Batterien kostet 4 €. Pia kauft drei Päckchen.
Frage: **Wieviel € muss Pia bezahlen?** Rechnung: **3·4=12**
Antwort: **Pia muss 12 € bezahlen.**

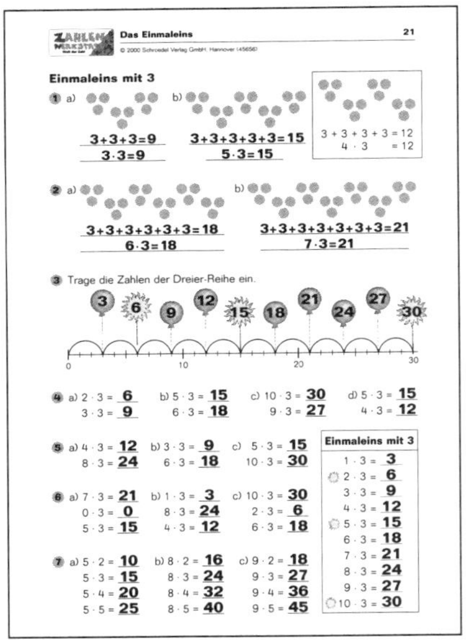
Das Einmaleins 21

Einmaleins mit 3

1 a) 3+3+3=9, 3·3=9 b) 3+3+3+3+3=15, 5·3=15 | 3 + 3 + 3 + 3 = 12, 4 · 3 = 12

2 a) 3+3+3+3+3+3=18, 6·3=18 b) 3+3+3+3+3+3+3=21, 7·3=21

3 Trage die Zahlen der Dreier-Reihe ein.
3, 6, 9, 12, 15, 18, 21, 24, 27, 30

4 a) 2 · 3 = 6, 3 · 3 = 9 b) 5 · 3 = 15, 6 · 3 = 18 c) 10 · 3 = 30, 9 · 3 = 27 d) 5 · 3 = 15, 4 · 3 = 12

5 a) 4 · 3 = 12, 8 · 3 = 24 b) 3 · 3 = 9, 6 · 3 = 18 c) 5 · 3 = 15, 10 · 3 = 30

6 a) 7 · 3 = 21, 0 · 3 = 0, 5 · 3 = 15 b) 1 · 3 = 3, 8 · 3 = 24, 4 · 3 = 12 c) 10 · 3 = 30, 2 · 3 = 6, 6 · 3 = 18

7 a) 5 · 2 = 10, 5 · 3 = 15, 5 · 4 = 20, 5 · 5 = 25 b) 8 · 2 = 16, 8 · 3 = 24, 8 · 4 = 32, 8 · 5 = 40 c) 9 · 2 = 18, 9 · 3 = 27, 9 · 4 = 36, 9 · 5 = 45

Einmaleins mit 3: 1 · 3 = 3, 2 · 3 = 6, 3 · 3 = 9, 4 · 3 = 12, 5 · 3 = 15, 6 · 3 = 18, 7 · 3 = 21, 8 · 3 = 24, 9 · 3 = 27, 10 · 3 = 30

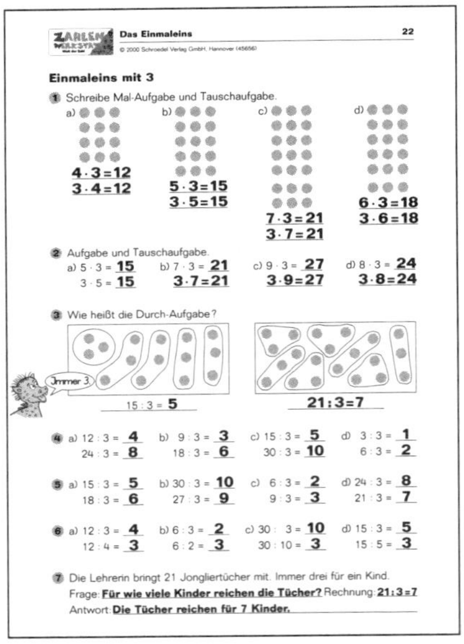
Das Einmaleins 22

Einmaleins mit 3

1 Schreibe Mal-Aufgabe und Tauschaufgabe.
a) 4·3=12, 3·4=12 b) 5·3=15, 3·5=15 c) 7·3=21, 3·7=21 d) 6·3=18, 3·6=18

2 Aufgabe und Tauschaufgabe.
a) 5 · 3 = 15, 3 · 5 = 15 b) 7 · 3 = 21, 3·7=21 c) 9 · 3 = 27, 3·9=27 d) 8 · 3 = 24, 3·8=24

3 Wie heißt die Durch-Aufgabe?
Immer 3
15 : 3 = 5 21:3=7

4 a) 12 : 3 = 4, 24 : 3 = 8 b) 9 : 3 = 3, 18 : 3 = 6 c) 15 : 3 = 5, 30 : 3 = 10 d) 3 : 3 = 1, 6 : 3 = 2

5 a) 15 : 3 = 5, 18 : 3 = 6 b) 30 : 3 = 10, 27 : 3 = 9 c) 6 : 3 = 2, 9 : 3 = 3 d) 24 : 3 = 8, 21 : 3 = 7

6 a) 12 : 3 = 4, 12 : 4 = 3 b) 6 : 3 = 2, 6 : 2 = 3 c) 30 : 3 = 10, 30 : 10 = 3 d) 15 : 3 = 5, 15 : 5 = 3

7 Die Lehrerin bringt 21 Jongliertücher mit. Immer drei für ein Kind.
Frage: **Für wie viele Kinder reichen die Tücher?** Rechnung: **21:3=7**
Antwort: **Die Tücher reichen für 7 Kinder.**

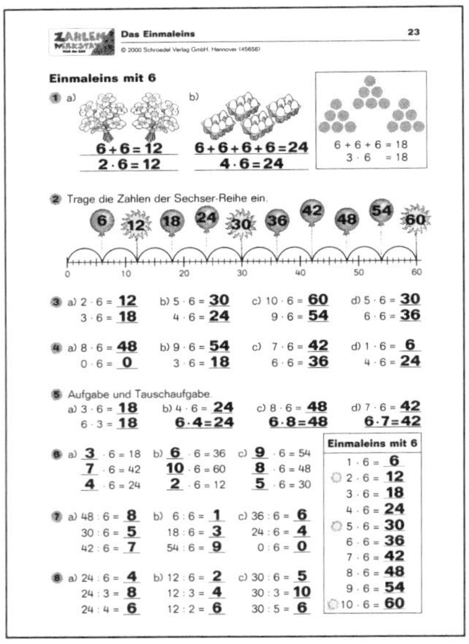
Das Einmaleins 23

Einmaleins mit 6

1 a) 6+6=12, 2·6=12 b) 6+6+6+6=24, 4·6=24 | 6 + 6 + 6 = 18, 3 · 6 = 18

2 Trage die Zahlen der Sechser-Reihe ein.
6, 12, 18, 24, 30, 36, 42, 48, 54, 60

3 a) 2 · 6 = 12, 3 · 6 = 18 b) 5 · 6 = 30, 4 · 6 = 24 c) 10 · 6 = 60, 9 · 6 = 54 d) 5 · 6 = 30, 6 · 6 = 36

4 a) 8 · 6 = 48, 0 · 6 = 0 b) 9 · 6 = 54, 3 · 6 = 18 c) 7 · 6 = 42, 6 · 6 = 36 d) 1 · 6 = 6, 4 · 6 = 24

5 Aufgabe und Tauschaufgabe
a) 3 · 6 = 18, 6 · 3 = 18 b) 4 · 6 = 24, 6·4=24 c) 8 · 6 = 48, 6·8=48 d) 7 · 6 = 42, 6·7=42

6 a) 3 · 6 = 18, 7 · 6 = 42, 4 · 6 = 24 b) 6 · 6 = 36, 10 · 6 = 60, 2 · 6 = 12 c) 9 · 6 = 54, 8 · 6 = 48, 5 · 6 = 30

7 a) 48 : 6 = 8, 30 : 6 = 5, 42 : 6 = 7 b) 6 : 6 = 1, 18 : 6 = 3, 54 : 6 = 9 c) 36 : 6 = 6, 24 : 6 = 4, 0 : 6 = 0

8 a) 24 : 6 = 4, 24 : 3 = 8, 24 : 4 = 6 b) 12 : 6 = 2, 12 : 3 = 4, 12 : 2 = 6 c) 30 : 6 = 5, 30 : 3 = 10, 30 : 5 = 6

Einmaleins mit 6: 1 · 6 = 6, 2 · 6 = 12, 3 · 6 = 18, 4 · 6 = 24, 5 · 6 = 30, 6 · 6 = 36, 7 · 6 = 42, 8 · 6 = 48, 9 · 6 = 54, 10 · 6 = 60

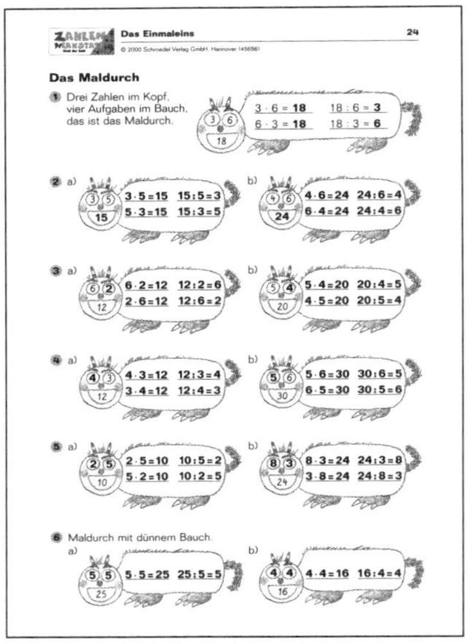
Das Einmaleins 24

Das Maldurch

1 Drei Zahlen im Kopf, vier Aufgaben im Bauch, das ist das Maldurch.
3, 6, 18: 3·6=18, 6·3=18, 18:6=3, 18:3=6

2 a) 3, 5, 15: 3·5=15, 5·3=15, 15:5=3, 15:3=5 b) 4, 6, 24: 4·6=24, 6·4=24, 24:6=4, 24:4=6

3 a) 6, 2, 12: 6·2=12, 2·6=12, 12:2=6, 12:6=2 b) 5, 4, 20: 5·4=20, 4·5=20, 20:4=5, 20:5=4

4 a) 4, 3, 12: 4·3=12, 3·4=12, 12:3=4, 12:4=3 b) 5, 6, 30: 5·6=30, 6·5=30, 30:6=5, 30:5=6

5 a) 2, 5, 10: 2·5=10, 5·2=10, 10:5=2, 10:2=5 b) 8, 3, 24: 8·3=24, 3·8=24, 24:3=8, 24:8=3

6 Maldurch mit dünnem Bauch.
a) 5, 5, 25: 5·5=25, 25:5=5 b) 4, 4, 16: 4·4=16, 16:4=4

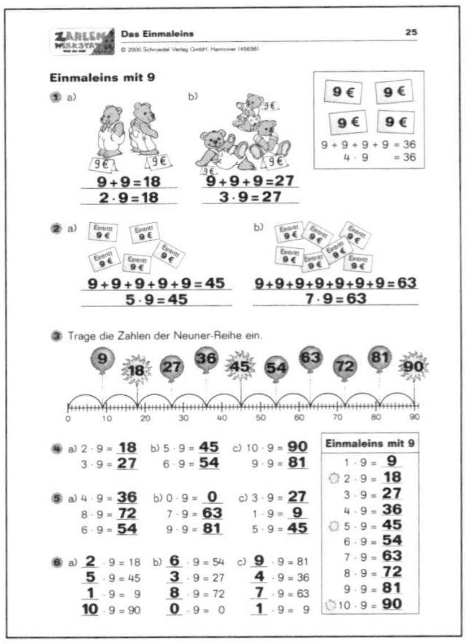
Das Einmaleins 25

Einmaleins mit 9

1 a) 9+9=18, 2·9=18 b) 9+9+9=27, 3·9=27 | 9 + 9 + 9 + 9 = 36, 4 · 9 = 36

2 a) 9+9+9+9+9=45, 5·9=45 b) 9+9+9+9+9+9+9=63, 7·9=63

3 Trage die Zahlen der Neuner-Reihe ein.
9, 18, 27, 36, 45, 54, 63, 72, 81, 90

4 a) 2 · 9 = 18, 3 · 9 = 27 b) 5 · 9 = 45, 6 · 9 = 54 c) 10 · 9 = 90, 9 · 9 = 81

5 a) 4 · 9 = 36, 8 · 9 = 72, 6 · 9 = 54 b) 0 · 9 = 0, 7 · 9 = 63, 9 · 9 = 81 c) 3 · 9 = 27, 1 · 9 = 9, 5 · 9 = 45

6 a) 2 · 9 = 18, 5 · 9 = 45, 1 · 9 = 9, 10 · 9 = 90 b) 6 · 9 = 54, 3 · 9 = 27, 8 · 9 = 72, 0 · 9 = 0 c) 9 · 9 = 81, 4 · 9 = 36, 7 · 9 = 63, 1 · 9 = 9

Einmaleins mit 9: 1 · 9 = 9, 2 · 9 = 18, 3 · 9 = 27, 4 · 9 = 36, 5 · 9 = 45, 6 · 9 = 54, 7 · 9 = 63, 8 · 9 = 72, 9 · 9 = 81, 10 · 9 = 90

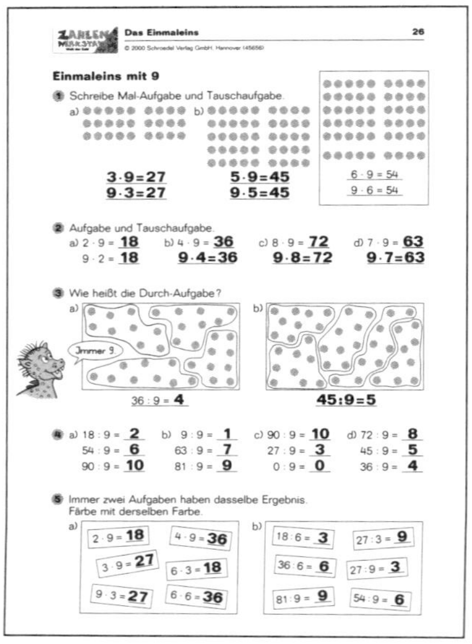
Das Einmaleins 26

Einmaleins mit 9

1 Schreibe Mal-Aufgabe und Tauschaufgabe.
a) 3·9=27, 9·3=27 b) 5·9=45, 9·5=45 | 6 · 9 = 54, 9 · 6 = 54

2 Aufgabe und Tauschaufgabe.
a) 2 · 9 = 18, 9 · 2 = 18 b) 4 · 9 = 36, 9·4=36 c) 8 · 9 = 72, 9·8=72 d) 7 · 9 = 63, 9·7=63

3 Wie heißt die Durch-Aufgabe?
Immer 9
a) 36 : 9 = 4 b) 45:9=5

4 a) 18 : 9 = 2, 54 : 9 = 6, 90 : 9 = 10 b) 9 : 9 = 1, 63 : 9 = 7, 81 : 9 = 9 c) 90 : 9 = 10, 27 : 9 = 3, 0 : 9 = 0 d) 72 : 9 = 8, 45 : 9 = 5, 36 : 9 = 4

5 Immer zwei Aufgaben haben dasselbe Ergebnis. Färbe mit derselben Farbe.
a) 2 · 9 = 18, 4 · 9 = 36, 3 · 9 = 27, 6 · 3 = 18, 9 · 3 = 27, 6 · 6 = 36
b) 18 : 6 = 3, 27 : 3 = 9, 36 : 6 = 6, 27 : 9 = 3, 81 : 9 = 9, 54 : 9 = 6

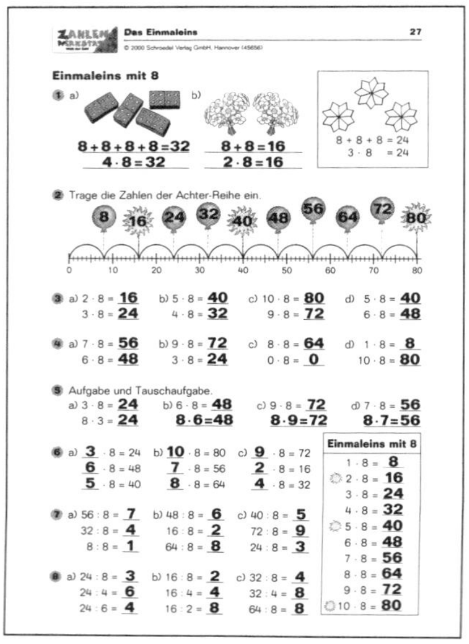
Das Einmaleins 27

Einmaleins mit 8

1 a) 8+8+8+8=32, 4·8=32 b) 8+8=16, 2·8=16 | 8 + 8 + 8 = 24, 3 · 8 = 24

2 Trage die Zahlen der Achter-Reihe ein.
8, 16, 24, 32, 40, 48, 56, 64, 72, 80

3 a) 2 · 8 = 16, 3 · 8 = 24 b) 5 · 8 = 40, 4 · 8 = 32 c) 10 · 8 = 80, 9 · 8 = 72 d) 5 · 8 = 40, 6 · 8 = 48

4 a) 7 · 8 = 56, 6 · 8 = 48 b) 9 · 8 = 72, 3 · 8 = 24 c) 8 · 8 = 64, 0 · 8 = 0 d) 1 · 8 = 8, 10 · 8 = 80

5 Aufgabe und Tauschaufgabe
a) 3 · 8 = 24, 8 · 3 = 24 b) 6 · 8 = 48, 8·6=48 c) 9 · 8 = 72, 8·9=72 d) 7 · 8 = 56, 8·7=56

6 a) 3 · 8 = 24, 6 · 8 = 48, 5 · 8 = 40 b) 10 · 8 = 80, 7 · 8 = 56, 8 · 8 = 64 c) 9 · 8 = 72, 2 · 8 = 16, 4 · 8 = 32

7 a) 56 : 8 = 7, 32 : 8 = 4, 8 : 8 = 1 b) 48 : 8 = 6, 16 : 8 = 2, 64 : 8 = 8 c) 40 : 8 = 5, 72 : 8 = 9, 24 : 8 = 3

8 a) 24 : 8 = 3, 24 : 4 = 6, 24 : 6 = 4 b) 16 : 8 = 2, 16 : 4 = 4, 16 : 2 = 8 c) 32 : 8 = 4, 32 : 4 = 8, 64 : 8 = 8

Einmaleins mit 8: 1 · 8 = 8, 2 · 8 = 16, 3 · 8 = 24, 4 · 8 = 32, 5 · 8 = 40, 6 · 8 = 48, 7 · 8 = 56, 8 · 8 = 64, 9 · 8 = 72, 10 · 8 = 80

Das Einmaleins 28

Übungen

Immer 2 Clowns sind gleich gekleidet.

7 · 5 = 35 rot, 3 · 8 = 24 blau, 6 · 5 = 30 grün, 9 · 5 = 45 gelb, 18 : 3 = 6 grün, 35 : 5 = 7 rot, 54 : 6 = 9 gelb

6 · 9 = 54 gelb, 7 · 8 = 56 rot, 3 · 6 = 18 grün, 9 · 9 = 81 blau, 16 : 4 = 4 rot, 21 : 3 = 7 blau, 20 : 4 = 5 grün

8 · 8 = 64 grün, 7 · 9 = 63 gelb, 5 · 8 = 40 rot, 4 · 9 = 36 blau, 48 : 6 = 8 rot, 15 : 5 = 3 grün, 12 : 3 = 4 blau

9 · 8 = 72 blau, 7 · 4 = 28 rot, 3 · 9 = 27 gelb, 7 · 6 = 42 grün, 56 : 8 = 7 gelb, 40 : 5 = 8 rot, 24 : 6 = 4 grün

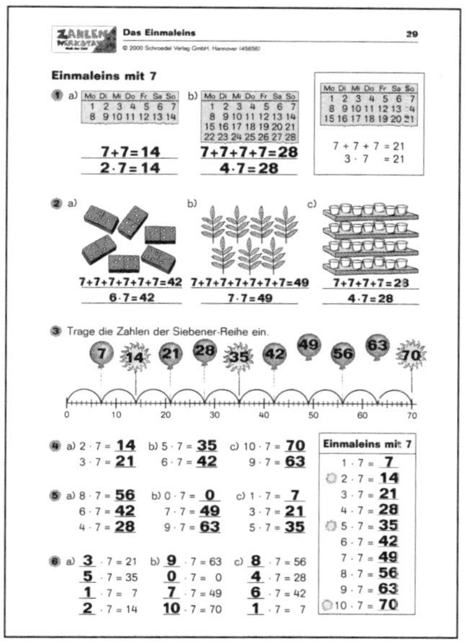
Das Einmaleins 29

Einmaleins mit 7

Trage die Zahlen der Siebener-Reihe ein.

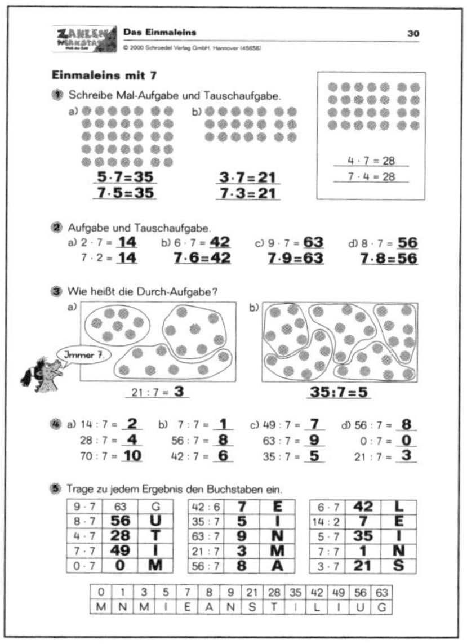
Das Einmaleins 30

Einmaleins mit 7

Schreibe Mal-Aufgabe und Tauschaufgabe.

Aufgabe und Tauschaufgabe.

Wie heißt die Durch-Aufgabe?

Trage zu jedem Ergebnis den Buchstaben ein.

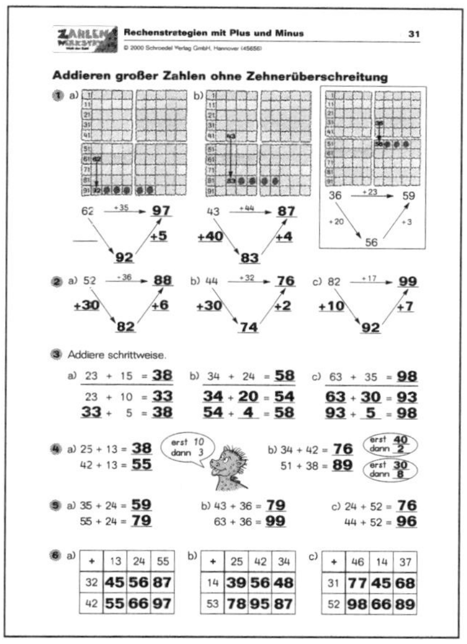
Rechenstrategien mit Plus und Minus 31

Addieren großer Zahlen ohne Zehnerüberschreitung

Addiere schrittweise.

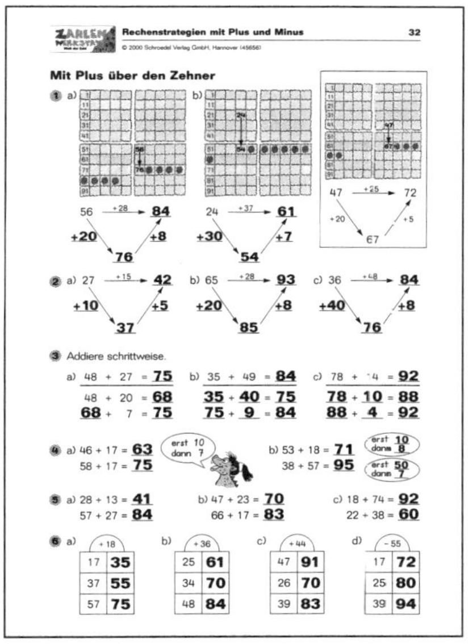
Rechenstrategien mit Plus und Minus 32

Mit Plus über den Zehner

Addiere schrittweise.

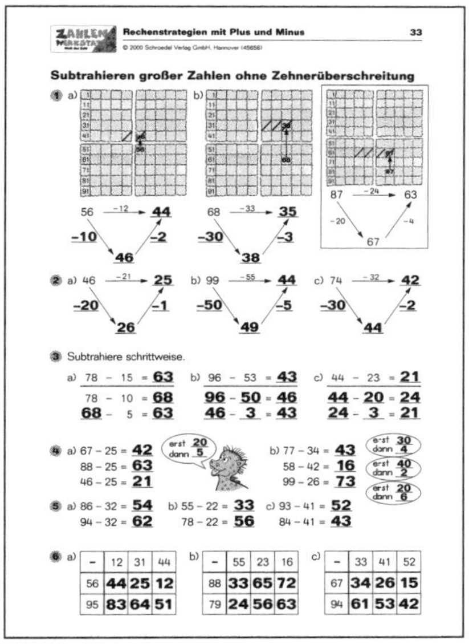
Rechenstrategien mit Plus und Minus 33

Subtrahieren großer Zahlen ohne Zehnerüberschreitung

Subtrahiere schrittweise.

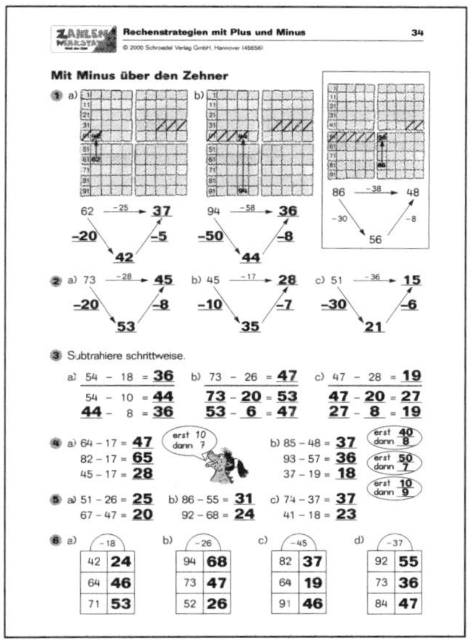
Rechenstrategien mit Plus und Minus 34

Mit Minus über den Zehner

Subtrahiere schrittweise.

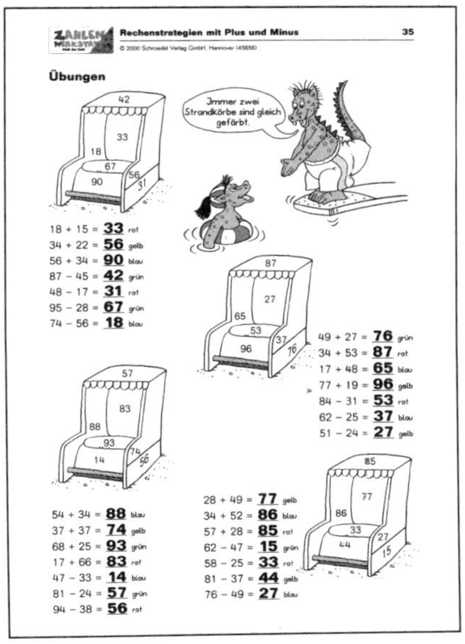
Rechenstrategien mit Plus und Minus 35

Übungen

Übungen 36

Übungen zu den vier Grundrechenarten

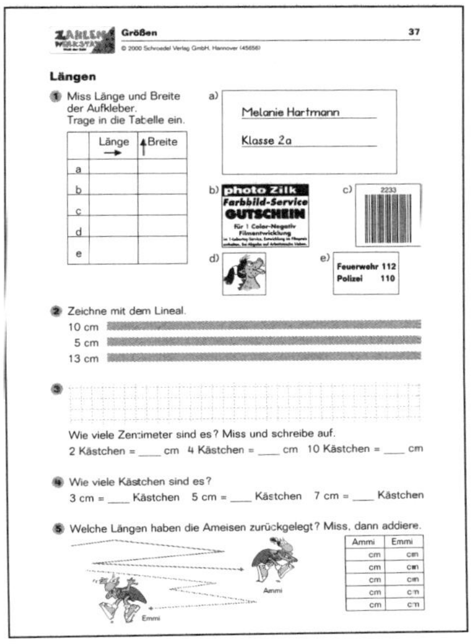
Größen 37

Längen

Miss Länge und Breite der Aufkleber. Trage in die Tabelle ein.

Zeichne mit dem Lineal.

Wie viele Zentimeter sind es? Miss und schreibe auf.

Wie viele Kästchen sind es?

Welche Längen haben die Ameisen zurückgelegt? Miss, dann addiere.

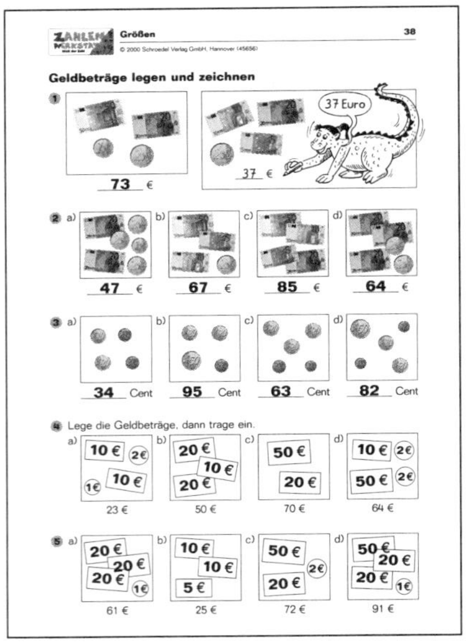

Größen 38

© 2000 Schroedel Verlag GmbH, Hannover (45656)

Geldbeträge legen und zeichnen

1. 73 € — 37 € („37 Euro")

2. a) 47 € b) 67 € c) 85 € d) 64 €

3. a) 34 Cent b) 95 Cent c) 63 Cent d) 82 Cent

4. Lege die Geldbeträge, dann trage ein.
a) 10 € 2€ 1€ 10 € — 23 €
b) 20 € 10 € 20 € — 50 €
c) 50 € 20 € — 70 €
d) 10 € 2€ 50 € 2€ — 64 €

5. a) 20 € 20 € 20 € 1€ — 61 €
b) 10 € 10 € 5 € — 25 €
c) 50 € 2€ 20 € — 72 €
d) 50 € 20 € 20 € 1€ — 91 €

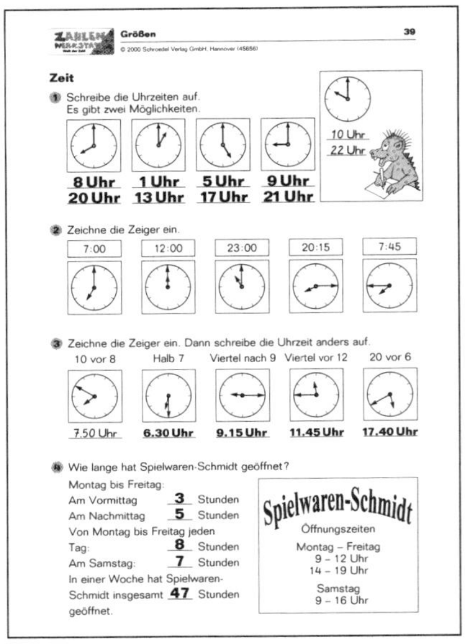

Größen 39

© 2000 Schroedel Verlag GmbH, Hannover (45656)

Zeit

1. Schreibe die Uhrzeiten auf. Es gibt zwei Möglichkeiten.
10 Uhr / 22 Uhr
8 Uhr / 20 Uhr — 1 Uhr / 13 Uhr — 5 Uhr / 17 Uhr — 9 Uhr / 21 Uhr

2. Zeichne die Zeiger ein.
7:00 — 12:00 — 23:00 — 20:15 — 7:45

3. Zeichne die Zeiger ein. Dann schreibe die Uhrzeit anders auf.
10 vor 8 — 7.50 Uhr
Halb 7 — 6.30 Uhr
Viertel nach 9 — 9.15 Uhr
Viertel vor 12 — 11.45 Uhr
20 vor 6 — 17.40 Uhr

4. Wie lange hat Spielwaren-Schmidt geöffnet?
Montag bis Freitag:
Am Vormittag **3** Stunden
Am Nachmittag **5** Stunden
Von Montag bis Freitag jeden Tag: **8** Stunden
Am Samstag: **7** Stunden
In einer Woche hat Spielwaren-Schmidt insgesamt **47** Stunden geöffnet.

Spielwaren-Schmidt
Öffnungszeiten
Montag – Freitag
9 – 12 Uhr
14 – 19 Uhr
Samstag
9 – 16 Uhr

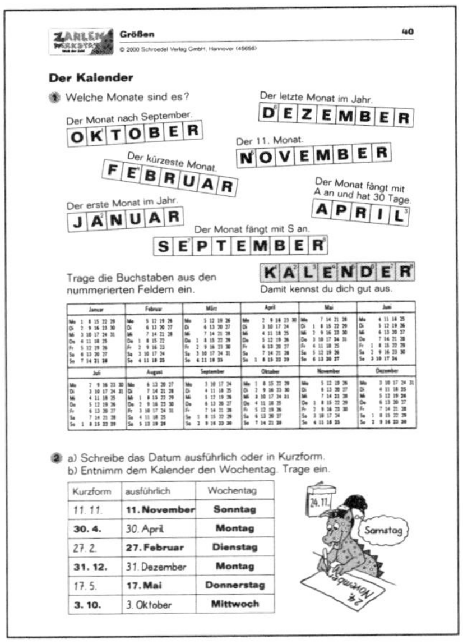

Größen 40

© 2000 Schroedel Verlag GmbH, Hannover (45656)

Der Kalender

1. Welche Monate sind es?
Der Monat nach September. OKTOBER
Der letzte Monat im Jahr. DEZEMBER
Der 11. Monat. NOVEMBER
Der kürzeste Monat. FEBRUAR
Der Monat fängt mit A an und hat 30 Tage. APRIL
Der erste Monat im Jahr. JANUAR
Der Monat fängt mit S an. SEPTEMBER

Trage die Buchstaben aus den nummerierten Feldern ein. KALENDER
Damit kennst du dich gut aus.

2. a) Schreibe das Datum ausführlich oder in Kurzform.
b) Entnimm dem Kalender den Wochentag. Trage ein.

Kurzform	ausführlich	Wochentag
11. 11.	**11. November**	**Sonntag**
30. 4.	30. April	**Montag**
27. 2.	**27. Februar**	**Dienstag**
31. 12.	31. Dezember	**Montag**
17. 5.	**17. Mai**	**Donnerstag**
3. 10.	3. Oktober	**Mittwoch**

Sachrechnen 41

© 2000 Schroedel Verlag GmbH, Hannover (45656)

Busfahrt zum Freizeitpark

1. In den Ferien fährt Nadja mit ihren Eltern in den Freizeitpark. Wie teuer wird die Fahrt?
Rechnung: **20 + 20 + 15 = 55**
Antwort: **Die Fahrt kostet 55 €.**

2. Im Bus sind 9 Sitzreihen. In jeder Sitzreihe sind 4 Plätze. Wie viele Fahrgäste können mitfahren?
Rechnung: **9 · 4 = 36**
Antwort: **Es können 36 Fahrgäste mitfahren.**

3. Es fahren 28 Fahrgäste mit, davon sind 19 Kinder. Wie viele Erwachsene fahren mit zum Freizeitpark?
Rechnung: **28 – 19 = 9**
Antwort: **Es fahren 9 Erwachsene mit zum Freizeitpark.**

4. a) Um wieviel Uhr kommt der Bus im Freizeitpark an?
Der Bus kommt um **10.00** Uhr im Freizeitpark an.
b) Wie viele Stunden dauert der Aufenthalt im Freizeitpark?
Der Aufenthalt im Freizeitpark dauert **7** Stunden.

5. Die Rückfahrt dauert 2 Stunden. Um wieviel Uhr ist die Rückfahrt beendet?
Die Rückfahrt ist um **19** Uhr beendet.

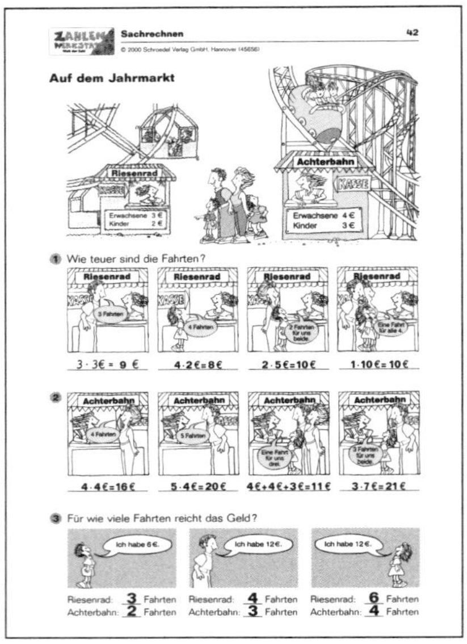

Sachrechnen 42

© 2000 Schroedel Verlag GmbH, Hannover (45656)

Auf dem Jahrmarkt

1. Wie teuer sind die Fahrten?
3 · 3€ = 9 € — 4 · 2€ = 8€ — 2 · 5€ = 10€ — 1 · 10€ = 10€

2. 4 · 4€ = 16€ — 5 · 4€ = 20€ — 4€ + 4€ + 3€ = 11€ — 3 · 7€ = 21€

3. Für wie viele Fahrten reicht das Geld?
„Ich habe 6 €." Riesenrad: **3** Fahrten, Achterbahn: **2** Fahrten
„Ich habe 12 €." Riesenrad: **4** Fahrten, Achterbahn: **3** Fahrten
„Ich habe 12 €." Riesenrad: **6** Fahrten, Achterbahn: **4** Fahrten

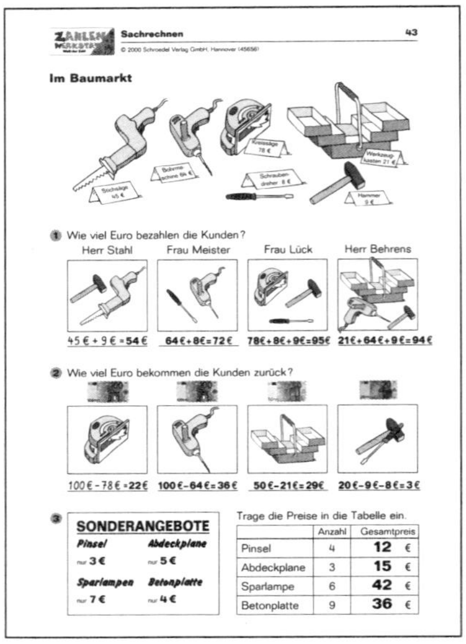

Sachrechnen 43

© 2000 Schroedel Verlag GmbH, Hannover (45656)

Im Baumarkt

1. Wie viel Euro bezahlen die Kunden?
Herr Stahl: 45 € + 9 € = 54 €
Frau Meister: 64 € + 8 € = 72 €
Frau Lück: 78 € + 8 € + 9 € = 95 €
Herr Behrens: 21 € + 64 € + 9 € = 94 €

2. Wie viel Euro bekommen die Kunden zurück?
100 € – 78 € = 22 € — 100 € – 64 € = 36 € — 50 € – 21 € = 29 € — 20 € – 9 € – 8 € = 3 €

3. SONDERANGEBOTE
Pinsel nur 3 €
Abdeckplane nur 5 €
Sparlampen nur 7 €
Betonplatte nur 4 €

Trage die Preise in die Tabelle ein.

	Anzahl	Gesamtpreis
Pinsel	4	**12** €
Abdeckplane	3	**15** €
Sparlampe	6	**42** €
Betonplatte	9	**36** €